中等职业教育电类专业系列教材

机械常识与钳工技能

JIXIE CHANGSHI YU QIANGONG JINENG （第3版）

- **总主编** 聂广林
- **主　编** 胡　胜
- **副主编** 米贤忠　曾　渊　屈光强
- **参　编** 刘　星　田　辉
- **主　审** 卢　杰

重庆大学出版社

内容提要

本书是依据教育部颁发的《中等职业学校机械常识与钳工实训教学大纲》,将知识传授与技术技能培养并重,强化学生职业素养养成和专业技术积累,按照立体化教材建设思路,采用现行国家标准编写而成的"互联网＋"新形态教材。

本书主要内容包括走进机械世界、机械识图、常用机械传动、常用工程材料和钳工基础技能。本书课证融通,将职业技能等级标准有关内容及要求有机融入教材。书中还融入了课程思政元素,列有课程思政参考清单,以方便老师教学。本书可作为职业院校机械类专业基础教材,也可作为钳工技能等级考试培训用书,还可作为对口升高职的考试用书。

图书在版编目(CIP)数据

机械常识与钳工技能 / 胡胜主编. -- 3 版. -- 重庆:
重庆大学出版社,2022.4
中等职业教育电类专业系列教材
ISBN 978-7-5624-5525-7

Ⅰ. ①机… Ⅱ. ①胡… Ⅲ. ①机械学—中等专业学校
—教材②钳工—中等专业学校—教材 Ⅳ. ①TH11②TG9

中国版本图书馆 CIP 数据核字(2021)第 180336 号

机械常识与钳工技能
(第 3 版)

总主编 聂广林
主 编 胡 胜
副主编 米贤忠 曾 渊 屈光强
主 审 卢 杰
策划编辑:杨粮菊
责任编辑:苟荟羽 版式设计:杨粮菊
责任校对:夏 宇 责任印制:张 策

＊

重庆大学出版社出版发行
出版人:饶帮华
社址:重庆市沙坪坝区大学城西路 21 号
邮编:401331
电话:(023)88617190 88617185(中小学)
传真:(023)88617186 88617166
网址:http://www.cqup.com.cn
邮箱:fxk@ cqup.com.cn(营销中心)
全国新华书店经销
重庆巍承印务有限公司印刷

＊

开本:787mm×1092mm 1/16 印张:11 字数:237 千
2010 年 8 月第 1 版 2022 年 4 月第 3 版 2022 年 4 月第 8 次印刷
印数:16 301—19 300
ISBN 978-7-5624-5525-7 定价:45.00 元

本书自2010年出版以来,受到了广大职业院校师生一致的认可与好评。为了适应新时代职业教育发展的需要,我们在保持前面风格和特色的基础上决定修订教材。在教材中有机融入课程思政、职场健康与安全、职业与生活实践等内容。教材特色:

1. 课程思政

机械常识与钳工技能是机械类专业的一门专业基础课程,在课程中加入思想政治教育,使之有机融入课程中,起到润物细无声的教学效果。如群钻内容引入倪志福钻头,以激发学生的科学家精神。从而落实立德树人根本任务,实现"三全育人"目标。为党育人,为国育才。

2. 书证融通

本书将钳工职业技能等级标准有关内容及要求有机融入教材内容中,推进书证融通、课证融通。

3. 理论与实践相结合

本书采用"项目—任务"的形式编写,通过"任务目标""任务实施""任务检测"及"任务评价"四个板块,明确学习目标,同时对学习结果进行及时检测和评价,将知识传授与技术技能培养并重,强化学生职业素养养成和专业技术积累,增强课堂教学的有效性和针对性。

4. 素质教育融入其中

通过"职场健康与安全"栏目,培养学生健康与安全方面的必备职业素养,为以后的职业生涯奠定良好的基础。通过"职业与生活实践"栏目,增加学生的学习兴趣,引导学生理论联系实际。

5. 课程资源丰富

本书配套教学资源丰富,配有免费电子书、动画、相关视频和习题答案。另外,用手机扫一扫书中二维码便可观看相关动画与视频。

本书学时分配建议如下表：

序号	项目	内容	理论学时数
一	走进机械世界	任务一　机械概述	1
		任务二　机械产品的制造过程	2
二	机械识图	任务一　机械识图常识	4
		任务二　机械图样的表达方法	6
		任务三　零件图	6
三	常用机械传动	任务一　带传动	1
		任务二　链传动	1
		任务三　齿轮传动	1
		任务四　机械的润滑与密封	1
四	常用工程材料	任务一　金属材料的性能	1
		任务二　黑色金属材料	3
		任务三　有色金属材料	1
		任务四　塑料	1
五	钳工基础技能	任务一　钳工入门	2
		任务二　常用量具	4
		任务三　划线	2
		任务四　锯削	2
		任务五　锉削	3
		任务六　孔加工	2
		任务七　螺纹加工	3
		任务八　综合训练	2
总课时			49
集中实训			2 周

本书思政元素参考如下：

内容	育人目标	案例
项目一 走进机械世界	1. 家国情怀教育 2. 培养环保与节能的意识	机械史话，激发学生创新思维和爱国热情 企业 6S 管理
项目二 机械识图	1. 遵章守纪教育 2. 培养工匠精神 3. 培养为人民服务的思想 4. 培养标准化意识	机械制图各种规定，规矩意识的培养 港珠澳大桥，对工件精度一丝不苟 各种表达方法，方便他人看图 常用标准件的规定画法
项目三 常用机械传动	1. 培养担当精神 2. 人生观的教育 3. 培养工匠精神 4. 培养环境保护意识	人不能像带传动，一"超载"就打滑 人要像链传动，一步一个脚印，没有捷径可走 齿轮传动精确，人做事也要一丝不苟、精益求精 机器设备泄漏污染环境
项目四 常用工程材料	1. 培养全局意识 2. 以辩证的思想看问题 3. 树立科学发展观 4. 培养创新精神	选用材料，要看材料的综合性能 不同黑色金属材料有不同的用途 我国有色金属现状、技术水平和环保压力等 新材料的不断出现，要有创新精神
项目五 钳工基础技能	1. 培养工匠精神 2. 培养严谨认真的工作态度 3. 劳动教育 4. 系好人生的第一颗扣子 5. 崇尚精度，遵循规范 6. 培养科学家精神 7. 法律规范教育 8. 培养责任担当精神	大国工匠"两丝"钳工顾秋亮 大国工匠胡双钱 德、智、体、美、劳全面发展 起锯最重要，一步错步步错 大国工匠孟剑锋 倪志福钻头 攻套有方，没有规矩不成方圆 做事有头有尾，做一个靠谱的人

本书由重庆市渝北职业教育中心胡胜任主编，米贤忠、曾渊、屈光强任副主编，重庆市渝北职业教育中心刘星及重庆市酉阳职业教育中心田辉参编，重庆电子工程职业学院卢杰教授主审该教材。

《机械常识与钳工技能》的编写参考和引用了很多文献资料及图片，在此表示衷心的感谢。由于编者水平有限，书中难免有错误和不当之处，敬请专家和各位读者批评指正。

编　者
2021 年 8 月

机械常识与钳工技能 JIXIE CHANGSHI YU QIANGONG JINENG

项目一 走进机械世界 ······ 1
　　任务一　机械概述 ········ 2
　　任务二　机械产品的制造过程 ········ 6

项目二 机械识图 ······ 13
　　任务一　机械识图常识 ········ 14
　　任务二　机械图样的表达方法 ········ 24
　　任务三　零件图 ········ 28

项目三 常用机械传动 ······ 45
　　任务一　带传动 ········ 46
　　任务二　链传动 ········ 52
　　任务三　齿轮传动 ········ 57
　　任务四　机械的润滑与密封 ········ 61

项目四 常用工程材料 ······ 69
　　任务一　金属材料的性能 ········ 70
　　任务二　黑色金属材料 ········ 72
　　任务三　有色金属材料 ········ 79
　　任务四　塑料 ········ 83

项目五 钳工基础技能 ······ 87
　　任务一　钳工入门 ········ 88
　　任务二　常用量具 ········ 98
　　任务三　划线 ········ 110
　　任务四　锯削 ········ 118

任务五　锉削 ………………………… 125

任务六　孔加工 ……………………… 136

任务七　螺纹加工 …………………… 151

任务八　综合训练 …………………… 160

参考文献 ……………………… 166

项目一

走进机械世界

　　智能机器人、高速列车、深海潜水器、航天器，这些都离不开机械，机械的进步让人们的生活更美好。因此，人们有必要了解机械的一些基本常识，以适应将来运用机械或制造机械的实际需要。

任务一　机械概述

任务目标

①了解机器、零件、部件、构件、机构和机械的基本概念。
②了解机械的类型及机械加工人员应具备的知识。
③家国情怀教育。

任务实施

（一）机器

机器是人们根据使用要求设计的一种执行机械运动的装置,可以完成能量的转换,或做有用的功。图 1-1 所示的发动机是一种机器,它可以用来抽水、驱动汽车行驶等。发电机也是一种机器,它是把其他形式的能量转换成电能的装置。

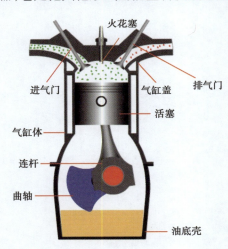

图 1-1　发动机(汽油机)示意图

👆**职业与生活实践**

①列举生活中的机器例子。
②自行车算不算机器?

（二）零件、部件、构件和机构

构成机器的不可拆的制造单元称为零件。如发动机中的活塞、气门、曲轴等零件，如图1-2所示。

（a）活塞　　　　（b）气门　　　　　　　（c）曲轴

图1-2　零件

在机器中，由若干零件装配在一起构成的具有独立功能的部分称为部件，如轴承、离合器和变速器等，如图1-3所示。

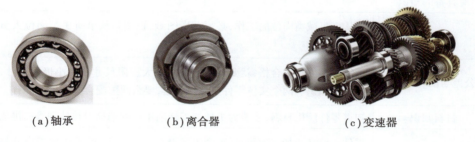

（a）轴承　　　　（b）离合器　　　　　　（c）变速器

图1-3　部件

构成机器的各个相对运动单元称为构件。构件可能是一个零件，如发动机中的曲轴做旋转运动，算一个构件。构件也可能是由若干个零件刚性连接而成。

机构是用来传递运动和力的构件系统。如发动机中的活塞（运动形式为往复直线运动）和连杆（运动形式为摆动）两个构件通过活塞销构成活塞连杆组这样一个机构，此机构把活塞的往复直线运动变成曲轴的旋转运动，如图1-4所示。

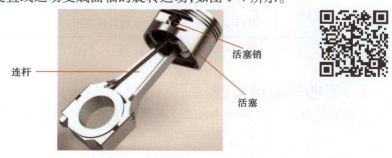

连杆　　　　　　活塞销

活塞

图1-4　活塞连杆组

（三）机械的类型

机构和机器统称为机械。机械按照用途的不同，可分为动力机械、加工机械、运输机械和信息机械等。

动力机械用来实现其他形式能量与机械能之间的转换。如发动机和电动机等都属于动力机械。

加工机械用来改变物料的状态、性质、结构和形状。如车床、钻床和粉碎机等都是加工机械。

运输机械用来改变人或物料的空间位置。如飞机、汽车和电梯等均为运输机械。

信息机械用来获取或处理各种信息。如打印机、传真机和复印机等皆为信息机械。

（四）机械加工人员应具备的知识

机械加工人员应具备的知识可归纳为四方面的能力，即共通能力、管理能力、基础知识和专业能力。机械加工人员应具备的基本知识见表1-1。

表 1-1　机械加工人员应具备的基本知识

应具备的知识	说明
识图能力	要从事机械类岗位的工作，必须看懂图纸，识图是从事机械类岗位人员最基本的技能
公差与配合知识	加工的零件是否合格，就要知道零件的最大极限尺寸和最小极限尺寸，这是公差知识。两个实体零件安装在一起，要么间隙配合要么过盈配合
材料知识	知道零件所用材料，才能为机械加工切削用量的选择及热处理等提供依据
工量具使用知识	零件一般是边加工边测量，不会工具及量具的使用，就无法加工出合格的产品
机械加工知识	要加工零件，就要学会机床的使用。不会使用机床，就无从谈零件加工
钳工作业知识	绝大多数零件及部位都可以用机床加工，钳工主要用于机床无法加工或不便加工的场合
机械产品拆装知识	要生产机器，就要进行零件组装。要维修机器，就要进行零件拆卸。机械产品拆装，是钳工作业知识的具体应用

✋**职业与生活实践**

参观机械加工厂，了解所参观企业的岗位情况及对从业人员能力的要求。

任务检测

（一）填空题

1. 机器可以完成＿＿＿＿＿＿，或做＿＿＿＿＿＿。
2. 机械是＿＿＿＿＿＿和＿＿＿＿＿＿的总称。

（二）判断题

3. 摩托车是机器。（　　　）
4. 电风扇不是机器。（　　　）

（三）单项选择题

5. 汽车属于（　　　）。
    A. 动力机械　　　　B. 加工机械　　　　C. 运输机械　　　　D. 信息机械
6. 制造单元指的是（　　　）。
    A. 零件　　　　　　B. 部件　　　　　　C. 机构　　　　　　D. 构件
7. 运动单元指的是（　　　）。
    A. 零件　　　　　　B. 部件　　　　　　C. 机构　　　　　　D. 构件

（四）按要求做题

8. 说出所参观机械厂对从业人员能力的要求。

任务评价

评价表

序号	考核项目	配分/分	评分标准	得分/分
（一）	填空题	20	每空答对得 5 分	
（二）	判断题	10	每小题答对得 5 分	
（三）	单项选择题	30	每小题答对得 10 分	
（四）	按要求做题	40	企业调查询问从业人员能力要求,视答题情况给分	
	总分	100	合计	

任务二　机械产品的制造过程

任务目标

①了解机械产品的制造过程。
②了解与机械产品制造过程相关的工种分类和特点。
③熟悉企业的 6S 管理。
④培养环保与节能的意识。

任务实施

（一）机械产品的加工过程

机械产品的加工过程一般是：

金属材料 $\xrightarrow[\text{或焊接}]{\text{铸造、锻造}}$ 毛坯 $\xrightarrow[\text{或热处理}]{\text{机械加工}}$ 零件 $\xrightarrow{\text{装配调试}}$ 机器

如图 1-5 所示的活塞为常见的铸造件，材料为铸造铝合金。先把铸造铝合金熔化，然后注入一个活塞型腔中，冷却后取出即得活塞毛坯，活塞毛坯再经过机械加工就生产出活塞。

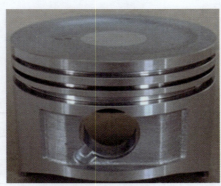

图 1-5　活塞

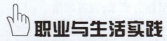**职业与生活实践**

查阅资料，说出如图 1-6 所示铁锅的制造过程。

图1-6　铁锅

（二）机械加工工种

机械加工就是一种用加工机械对工件的外形尺寸或性能进行改变的过程。工种就是对劳动对象的分类称谓,也称工作种类。机械加工工种一般分为冷加工、热加工和其他工种三大类。

1. 机械加工冷加工类工种

钳工:钳工是以手工方法进行操作为主的工种,如图1-7所示。

车工:车工是指操作车床,对工件旋转表面进行切削加工的工种,如图1-8所示。

图1-7　钳工　　　　　　　　　　　图1-8　车工

铣工:铣工是指操作各种铣床设备,对工件进行铣削加工的工种,如图1-9所示。

刨工:刨工是指操作各种刨床设备,对工件进行刨削加工的工种,如图1-10所示。

图1-9　铣工　　　　　　　　图1-10　刨工

磨工:磨工是指操作各种磨床设备,对工件进行磨削加工的工种,如图 1-11 所示。

除上述工种外,常用的冷加工工种还有钣金工、镗工、冲压工、组合机床操作工。

2. 机械加工热加工类工种

铸造工:铸造工是指操作铸造设备,进行铸造加工的工种,如图 1-12 所示。

锻造工:锻造工是指操作锻造机械设备及辅助工具,进行金属工件毛坯的备料、加热、镦粗、冲孔、成形等铸造加工的工种,如图 1-13 所示。

热处理工:热处理工就是指操作热处理设备,对金属材料进行热处理加工的工种,如图 1-14 所示。

图 1-11　磨工　　　　　　　　　　　图 1-12　铸造工

图 1-13　锻造工　　　　　　　　　　图 1-14　热处理工

3. 其他工种

机械设备维修工:机械设备维修工是指从事设备安装维修与处理的工种,如图 1-15 所示。

维修电工:维修电工指从事工厂设备的电气安装、调试与维护、修理的工种,如图 1-16 所示。

电焊工:电焊工就是指操作焊接与气割设备,对金属工件进行焊接或切割成形的工种,如图 1-17 所示。

图 1-15　机械设备维修工　　　图 1-16　维修电工　　　图 1-17　电焊工

电加工设备操作工:在机械制造中,为了加工各种难加工的材料与各种复杂的表面,常直接利用电能、化学能、热能、光能、声能等进行特种加工,其中操作电加工设备进行零件加工的工种称为电加工设备操作工,如图 1-18 所示。

图 1-18　电加工设备操作工

（三）机械产品加工的安全规程与环保节能常识

在机械产品的加工过程中,要做到安全文明生产,注重环保与节能,其关键就在于企业广泛推行的 6S 管理。

1.6S 管理的内容

5S 是整理(Seiri)、整顿(Seiton)、清扫(Seiso)、清洁(Seiketsu)、素养(Shitsuke)五个项目,5S 起源于日本,通过规范现场、现物,营造一目了然的工作环境,培养员工良好的工作习惯,其最终目的是提升产品品质。我国部分企业在引进这一管理模式时,加上了英文的"安全"(Safety),因而称为 6S 现场管理法。

（1）整理

将工作场所的所有物品区分为有必要的和没有必要的,除了有必要的,其余的都消除掉。这是 6S 管理的第一步,如图 1-19 所示。

目的:腾出空间,空间活用,防止误用,营造清爽的工作场所。

（2）整顿

把留下来的必要的物品依规定位置摆放,放置整齐并加以标识。这是提高效率的基础,如图 1-20 所示。

目的:让工作场所一目了然,创造整整齐齐的工作环境,消除过多的积压物品,减少寻找物品的时间。

图1-19　整理

图1-20　整顿

(3)清扫

将工作场所内看得见与看不见的地方清扫干净,保持工作场所干净、整洁,如图1-21所示。

目的:稳定品质,减少工业伤害。

(4)清洁

清洁是指将整理、整顿、清扫进行到底,并且制度化,保持环境处于美观的状态,如图1-22所示。

目的:维持3S(整理、整顿、清扫)推行的成果,监督员工按照检查表的要求对设备进行润滑、点检,对场地等进行清洁,保持设备处于最佳工作状态,创造舒适明朗的工作环境。

图1-21　清扫

图1-22　清洁

（5）素养

每位成员养成良好的习惯，并遵守规则，培养积极主动的精神（也称习惯性）。素养是 6S 管理的核心，如图 1-23 所示。

目的：培养有好习惯、遵守规则的员工，营造团队精神。

（6）安全

重视全员安全教育，每时每刻都有安全第一的观念，防患于未然。安全是 6S 管理的基础，如图 1-24 所示。

目的：建立起安全生产的环境，使所有的工作建立在安全的前提下。

图 1-23　素养　　　　　　　　　　图 1-24　安全

6S 之间彼此关联，整理、整顿、清扫是具体内容；清洁是指将前面 3S 的实施制度化、规范化，并贯彻执行及维持结果；素养是指培养每位员工养成良好的习惯，并遵守规则，开展 6S 容易，但长时间的维持必须靠素养的提升；安全是基础，要尊重生命，杜绝违章。

2.6S 管理的作用

6S 管理的作用是现场管理规范化、日常工作部署化、物资摆放标识化、厂区管理整洁化、人员素养整齐化、安全管理常态化。

👆职业与生活实践

了解学校钳工、普车、数车等实训室的安全操作规程。

任务检测

（一）填空题

1. 机械加工工种一般分为＿＿＿＿＿＿、＿＿＿＿＿＿和＿＿＿＿＿＿三大类。

2. 企业 6S 管理的内容是＿＿＿＿＿＿、＿＿＿＿＿、＿＿＿＿＿、＿＿＿＿＿、

_____和_____。

（二）判断题

3. 企业 6S 管理会增加企业成本。 （　　）

4. 企业 6S 管理中清扫和清洁的含义是不一样的。 （　　）

（三）单项选择题

5. 下列工种不属于热加工类工种的是(　　)。

    A. 电焊工 　　　　B. 铸造工 　　　　C. 锻造工 　　　　D. 热处理工

6. 企业 6S 管理的第一步是(　　)。

    A. 整顿 　　　　　B. 整理 　　　　　C. 清扫 　　　　　D. 清洁

7. 企业 6S 管理的核心是(　　)。

    A. 清扫 　　　　　B. 清洁 　　　　　C. 素养 　　　　　D. 安全

（四）按要求做题

8. 说出学校钳工、普车、数车等实训室的安全操作规程。

任务评价

评价表

序号	考核项目	配分/分	评分标准	得分/分
（一）	填空题	27	每空答对得 3 分	
（二）	判断题	8	每小题答对得 4 分	
（三）	单项选择题	15	每小题答对得 5 分	
（四）	按要求做题	50	实地调查并视答题情况给分	
	总分	100	合计	

项目二

机械识图

识图是从事机械类岗位工作人员的一项基本技能,是从事机械类岗位工作的基础,看不懂图纸,从事机械类岗位的工作就无从谈起。

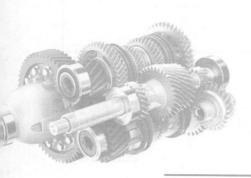

任务一　机械识图常识

任务目标

①了解国家机械制图标准的相关规定。
②了解物体与视图的对应关系及特点。
③了解正投影的概念，理解基本几何体的三视图，能识读简单组合体的三视图。
④遵章守纪教育及工匠精神培养。

任务实施

（一）机械制图有关国家标准

1. 图纸幅面（GB/T 14689—2008）

我国国家标准（简称国标）的代号是"GB"（"GB/T"为"推荐性标准"，无"T"时为"强制性标准"）。例如 GB/T 14689—2008 的含义：GB/T 为推荐性国家标准，14689 为发布顺序号，2008 是年号。基本图纸幅面共有 5 种，在绘图时应优先采用，见表 2-1。

表 2-1　图纸幅面尺寸　　　　　　　　　　　　　　　　单位：mm

幅面代号	$B \times L$	e	c	a
A0	841 × 1189	20	10	25
A1	594 × 841	20	10	25
A2	420 × 594	10	10	25
A3	297 × 420	10	5	25
A4	210 × 297	10	5	25

5 种基本图纸幅面之间的尺寸关系，如图 2-1 所示。

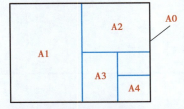

图 2-1　基本图纸幅面之间的尺寸关系

2.图框格式

图框格式分为留装订边和不留装订边两种,如图 2-2 所示。

图纸可以横装或竖装,如图 2-2 所示。一般 A0、A1、A2、A3 图纸采用横装,A4 及 A4 以后的图纸采用竖装。

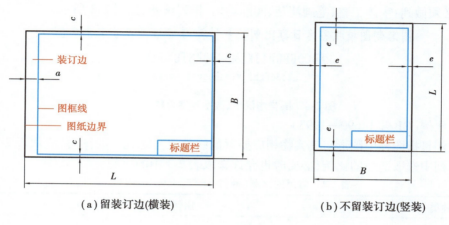

（a）留装订边(横装)　　　　　　（b）不留装订边(竖装)

图 2-2　图框格式

3.标题栏(GB/T 10609.1—2008）

标题栏位于图框的右下角,学生练习用标题栏建议采用如图 2-3 所示的格式。

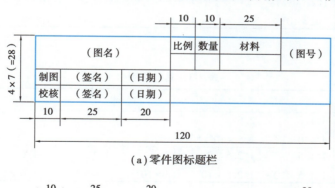

（a）零件图标题栏

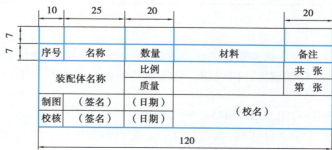

（b）装配图标题栏

图 2-3　学生练习用标题栏

4. 字体（GB/T 14691—1993）

字体的号数即字体的高度 h，分为 8 种：20，14，10，7，5，3.5，2.5，1.8（单位：mm）。图样上的汉字应写成长仿宋体，并采用国家正式公布的简化字。数字和字母可写成直体或斜体，斜体字字头向右倾斜，与水平基准线约成 75°。图样中书写的汉字、数字和字母，必须做到：字体工整、笔画清楚、间隔均匀、排列整齐，如图 2-4 所示。

图名制图校核签名日期比例数量材料 *1 2 3 4 5 6 7 8 9 0*

ABCDEFGHIJKLMNOPQRSTUVWXYZ

abcdefghijklmnopqrstuvwxyz

图 2-4　图样中汉字、数字和字母的书写

5. 比例（GB/T 14690—1993）

比例是指图样中图形与其实物相应要素的线性尺寸之比。绘图时，应从表 2-2 规定的系列中选取适当的比例，必要时也允许选取表 2-3 中的比例。

表 2-2　常用的比例（摘自 GB/T 14690—1993）

种类	比例		
原值比例	1:1		
放大比例	5:1 $5 \times 10^n:1$	2:1 $2 \times 10^n:1$	$1 \times 10^n:1$
缩小比例	1:2 $1:2 \times 10^n$	1:5 $1:5 \times 10^n$	1:10 $1:1 \times 10^n$

注：n 为正整数。

表 2-3　其他比例

种类	比例				
放大比例	4:1 $4 \times 10^n:1$	2.5:1 $2.5 \times 10^n:1$			
缩小比例	1:1.5 $1:1.5 \times 10^n$	1:2.5 $1:2.5 \times 10^n$	1:3 $1:3 \times 10^n$	1:4 $1:4 \times 10^n$	1:6 $1:6 \times 10^n$

注：n 为正整数。

为了从图样上直接反映实物的大小，绘图时应优先采用原值比例。若实物太大或太小，可采用缩小比例或放大比例绘制。选用比例的原则是有利于图形的清晰表达和图纸幅面的有效利用。

6. 图线的型式及应用（GB/T 4457.4—2002）

机械图样中规定了 9 种图线，其名称、线型、宽度以及应用示例见图 2-5 和表 2-4。绘图时应采用国家标准规定的线型和画法。

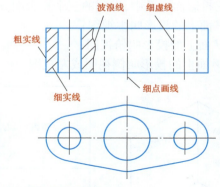

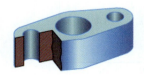

图 2-5　图线应用示例

表 2-4　图线的型式与应用（摘自 GB/T 4457.4—2002）

图线名称	线型	图线宽度	一般应用举例
粗实线	——	d	可见棱边线、可见轮廓线、剖切符号用线
细实线	——	$d/2$	尺寸线、尺寸界线、剖面线、过渡线
波浪线	～	$d/2$	断裂处的边界线、视图和剖视图的分界线
细虚线	------	$d/2$	不可见轮廓线
细点画线	—·—·—	$d/2$	轴线、对称中心线
粗点画线	—·—·—	d	限定范围表示线
细双点画线	—··—··—	$d/2$	中断线、可动零件的极限位置轮廓线、轨迹线
双折线	—／\／—	$d/2$	断裂处的边界线
粗虚线	------	d	允许表面处理的表示线

（二）三视图的形成及画法

1. 认识三投影面体系

人站在教室里面,脸朝向黑板,如图 2-6 所示。此时,地面称为水平面,用字母"H"表示。黑板称为正平面,用字母"V"表示。观察者右面的墙壁称为侧平面,用字母"W"表示。H 与 V 的交线叫 X 轴,H 与 W 的交线叫 Y 轴,V 与 W 的交线叫 Z 轴,X 轴、Y 轴和 Z 轴相交于 O 点。观察者的左面为"左",观察者的右面为"右",靠近观察者（脸这一面）为"前",远离观察者为"后",往观察者头顶方向为"上",往观察者脚的方向为"下",这就是在 H,V,W 三投影面体系中,前、后、左、右、上、下六个位置关系的确定情况。

2. 三视图的形成

图 2-6 虽然说有立体感,但绘图很不方便。为此我们作出如下变动:V 面保持不动,H 投影面绕 X 轴向下转 90° 与 V 面在同一平面内,W 投影面绕 Z 轴向右转 90° 与 V 面在同一平面内,因而三个投影面都在同一平面内,得到如图 2-7 所示结果。我们把一

个物体放在三投影面体系中,得到的三个投影图分别是:

物体在 V 面上的投影叫主视图;

物体在 H 面上的投影叫俯视图;

物体在 W 面上的投影叫侧视图或左视图。

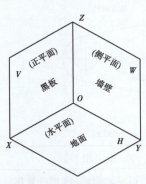

图 2-6 三投影面体系

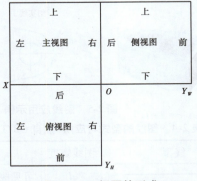

图 2-7 三视图的形成

3. 三视图的投影规律

①方位关系。从图 2-7 中可以看出,主视图反映物体的左、右、上、下方位,俯视图反映物体的左、右、前、后方位,侧视图反映物体的上、下、前、后方位。机械制图规定:左右方向为物体的"长",前后方向为物体的"宽",上下方向为物体的"高"。视图和物体的方位关系如图 2-8(b)所示。

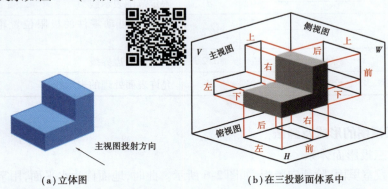

(a)立体图　　　　　　(b)在三投影面体系中

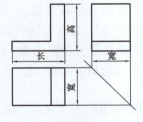

(c)宽相等作法

图 2-8 视图和物体的方位对应关系

②投影规律。由上述可知,三视图之间的相对位置是固定的,即主视图定位后,俯视图在主视图的正下方,左视图在主视图的正右方,各视图的名称无须标注。

由于投影面的大小与视图无关,因此画三视图时,不必画出投影面的边界,视图之间的距离可根据图纸幅面和视图的大小来确定。主视图和俯视图都反映物体的长,主视图和左视图都反映物体的高,俯视图和左视图都反映物体的宽,因一个物体只有一组长、宽和高。由此得出,三视图具有"长对正、高平齐、宽相等"(三等)的投影规律。

作图时,为了实现"俯、左视图宽相等",可利用由原点 O(或其他点)所作的45°辅助线,求其对应关系,如图2-8(c)所示。应当指出,无论是整个物体或物体的局部,在三视图中,其投影都必须符合"长对正、高平齐、宽相等"的关系。

4. 物体三视图的画法及作图步骤

画物体三视图时,首先要分析其形状特征,选择主视图的投射方向,并使物体的主要表面与相应的投影面平行。如图2-8(a)所示的物体,以图示方向作为主视图的投射方向。画三视图时,应先画反映形状特征的视图,再按投影关系画出其他视图。

(三)基本几何体的三视图

1. 棱柱的三视图

如图2-9(a)所示为一个正六棱柱,它由6个侧面和上下2个面一共8个面构成。投影作图时(以垂直侧面2的方向作为主视图方向),俯视图是一个正六边形线框,主视图是3个矩形线框,左视图是2个矩形线框,如图2-9(b)所示。

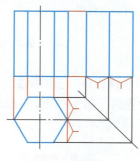

(a)立体图　　　　　(b)三视图

图2-9　正六棱柱

2. 棱锥的三视图

如图2-10(a)所示为一个正三棱锥,它由3个侧面和1个底面一共4个面构成。投影作图时,俯视图是3个等腰三角形线框,主视图是2个直角三角形线框,左视图是1个三角形线框,如图2-10(b)所示。

3. 圆柱的三视图

如图2-11(a)所示的圆柱,它由圆柱面和上下两个平面构成。投影作图时,俯视图是一个圆,主视图是一个矩形线框,左视图也是一个矩形线框,只是反映的方位不一样,如图2-11(b)所示。

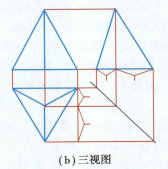

（a）立体图　　　　　　　　（b）三视图

图2-10　正三棱锥

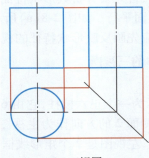

（a）立体图　　　　　　　　（b）三视图

图2-11　圆柱

4. 圆锥的三视图

如图2-12(a)所示圆锥体,它由圆锥面和底圆平面构成。投影作图时,俯视图是一个圆,主视图是一个等腰三角形线框,左视图也是一个等腰三角形线框,只是反映的方位不一样,如图2-12(b)所示。

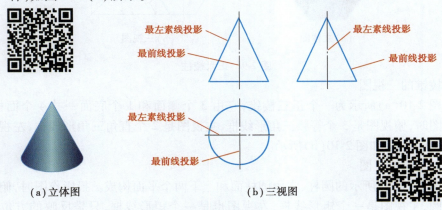

（a）立体图　　　　　　　　（b）三视图

图2-12　圆锥体

5. 圆球的三视图

如图 2-13（a）所示圆球，其表面均是曲面。投影作图时，俯视图、主视图和左视图都是一个圆，只是方位不一样，如图 2-13（b）所示。

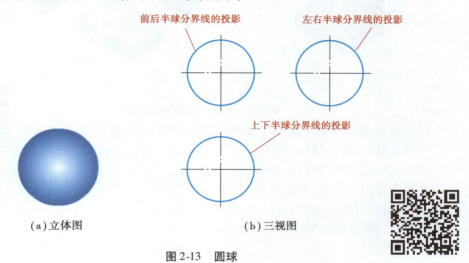

前后半球分界线的投影　　　　左右半球分界线的投影

上下半球分界线的投影

（a）立体图　　　　　　　　　　（b）三视图

图 2-13　圆球

👆 **职业与生活实践**

列举基本几何体在日常生活中的应用实例。

（四）组合体的三视图

1. 组合体的形成

组合体通常分为叠加型、切割型和综合型三种。如图 2-14（a）所示的组合体是由六棱柱和圆柱叠加而形成的，如图 2-14（b）所示的组合体是由圆柱经过钻孔形成的，如图 2-14（c）所示的组合体是既有叠加又有切割而形成的。

（a）　　　　　　　（b）　　　　　　　（c）

图 2-14　组合体的形成

2. 组合体三视图的画法

如图 2-15（a）所示的组合体，根据其形体特点，可将其分解为三个部分，如图 2-15（b）所示。

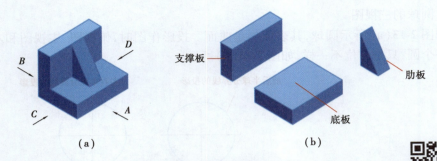

图 2-15　组合体三视图的画法

经过分析,确定以 *A* 向作为主视图的投射方向,作图过程如下:

①画基线,如图 2-16(a)所示。

②画底板三视图,如图 2-16(b)所示。

③画支撑板三视图,如图 2-16(c)所示。

④画肋板三视图,如图 2-16(d)所示。

⑤检查,描深图线,如图 2-16(e)所示。

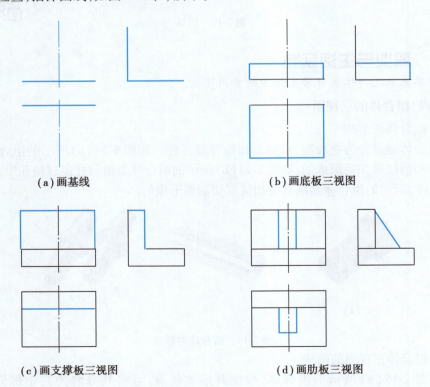

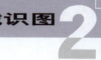

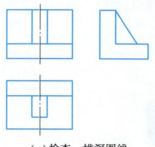

(e) 检查，描深图线

图 2-16　组合体三视图的作图过程

职业与生活实践

列举组合体在日常生活中的应用实例。

任务检测

1. 已知两个视图补画第三视图，并写出构成组合体的基本几何体名称。

（1）

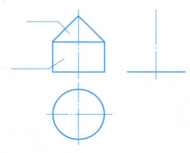

（2）

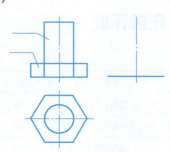

（3）

（4）

2.根据立体图,补画第三视图(题(1)、题(2))及视图中的缺线(题(3)、题(4))。

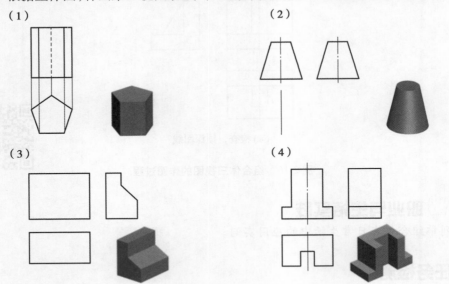

(1)　　　　　　　　　　　　　　(2)

(3)　　　　　　　　　　　　　　(4)

3.列举基本体和组合体的应用实例。

任务评价

评价表

序号	考核项目	配分/分	评分标准	得分/分
1	知二补三,写名称	40	每小题答对得 10 分	
2	补画第三视图	40	每小题答对得 10 分	
3	按要求做题	20	每个实例得 10 分	
	总分	100	合计	

任务二　机械图样的表达方法

任务目标

①理解并能识读基本视图、简单的剖视图和断面图。

②了解斜视图、局部视图和局部放大图的基本概念。

③培养为人民服务的思想。

任务实施

（一）剖视图

假想用剖切面剖开物体,将处在观察者和剖切平面之间的部分移去,而将其余部分向投影面投影所得到的图形称为剖视图,简称剖视,如图 2-17 所示。

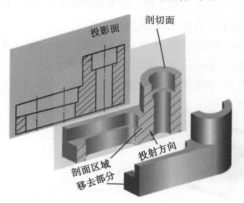

图 2-17　剖视图的形成

如图 2-18 所示为同一个零件的两种表达方式。其中图 2-18(a)用基本视图表达,出现了许多虚线;图 2-18(b)用剖视图来表达,反映了零件的内部结构且无虚线。

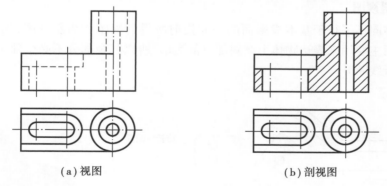

　　　(a)视图　　　　　　　　　　　　(b)剖视图

图 2-18　同一个零件的不同表达方式

（二）断面图

假想用剖切面将机件的某处切断,仅画出断面的形状,并在断面上画出剖面符号的图形,称为断面图,简称断面,如图 2-19 所示。

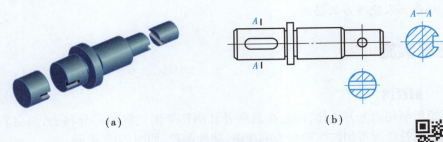

（a）　　　　　　　　　（b）

图 2-19　断面图的形成

断面图分移出断面图和重合断面图两种。

移出断面图的图形应画在视图之外,轮廓线用粗实线绘制,配置在剖切线的延长线上或其他适当的位置,如图 2-19（b）所示。

画在视图轮廓线之内的断面图称为重合断面图,如图 2-20 所示。重合断面图的轮廓线规定用细实线绘制。

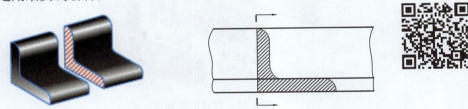

图 2-20　重合断面图

（三）斜视图

将物体向不平行于基本投影面的平面投射所得的视图称为斜视图,如图 2-21 所示。斜视图主要用来表达物体上倾斜部分的实形,所以其余部分不必全部画出而用波浪线或双折线断开。

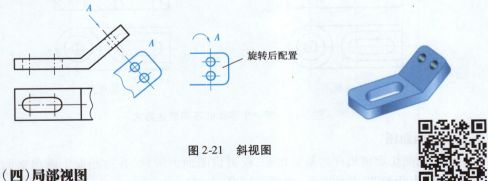

旋转后配置

图 2-21　斜视图

（四）局部视图

将物体的某一部分向基本投影面投射所得的视图,称为局部视图。

图 2-22 采用了 2 个局部视图（A 向和 B 向表达零件左下角和右侧部分的形状）和 1 个斜视图（C 向表达倾斜部分的结构）来表达。

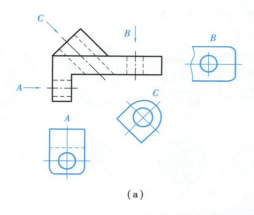

（a）　　　　　　　　　　　　　　　（b）

图 2-22　局部视图

（五）局部放大图

　　将机件的部分结构用大于原图形的比例画出的图形,称为局部放大图,如图 2-23 所示。局部放大图可以画成视图、剖视图或断面图,它与原图形的表达方式无关。

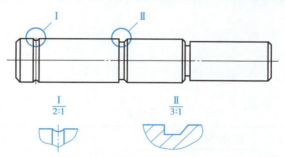

图 2-23　局部放大图

任务检测

1.把主视图改画成剖视图。

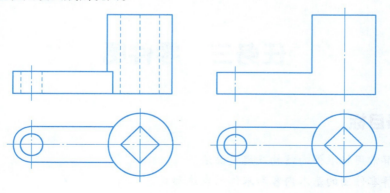

2.选择各断面对应的移出断面图,在圆圈内填上正确的答案。

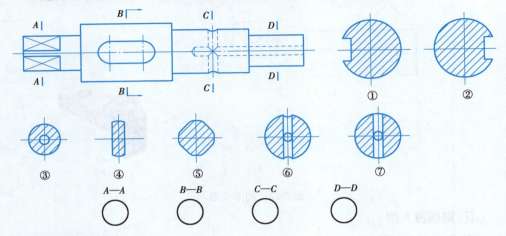

① ② ③ ④ ⑤ ⑥ ⑦

A—A B—B C—C D—D

○   ○   ○   ○

3.按要求做题。

描述断面图、斜视图、局部视图和局部放大图的应用场合。

任务评价

评价表

序号	考核项目	配分/分	评分标准	得分/分
1	画剖视图	20	每小题答对得20分	
2	填正确的答案	40	每空答对得10分	
3	按要求做题	40	每种图10分,视答题情况给分	
总分		100	合计	

任务三 零件图

任务目标

① 了解常用标准件的结构及规定画法。

② 了解零件图的基本内容和零件的表达形式。

③了解零件几何精度指标的基本概念及其符号标注。

④掌握识读零件图的方法和步骤,并能正确识读典型零件的零件图。

⑤掌握查阅机械制图国家标准的方法。

⑥培养标准化意识。

任务实施

(一)常用标准件的结构及规定画法

1.螺纹的规定画法

螺纹直径有大径(d,D)、中径(d_2,D_2)和小径(d_1,D_1)之分,如图 2-24 所示。

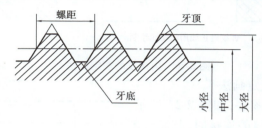

图 2-24　螺纹的直径

大径(d,D)是与外螺纹牙顶或内螺纹牙底相重合的假想圆柱面的直径。

小径(d_1,D_1)是与外螺纹牙底或内螺纹牙顶相重合的假想圆柱面的直径。

中径(d_2,D_2)是一个假想圆柱面的直径,该圆柱的母线通过牙型上沟槽和凸起宽度相等的地方,此假想圆柱面的直径称为中径。

(1)外螺纹的规定画法

螺纹牙顶(大径)圆及螺纹终止线用粗实线绘制;螺纹牙底(小径)圆用细实线绘制(小径近似地画成大径的 0.85 倍),并画出螺杆的倒角或倒圆部分,在垂直于螺纹轴线的投影面的视图中,表示牙底圆的细实线只画约 3/4 圈,此时轴与孔上的倒角投影不应画出,如图 2-25 所示。

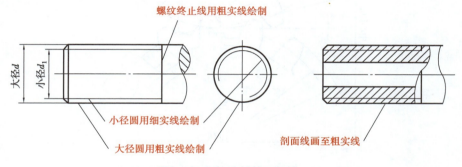

图 2-25　外螺纹的规定画法

（2）内螺纹的规定画法

内螺纹一般画成剖视图，其牙顶（小径）圆及螺纹终止线用粗实线绘制；牙底（大径）圆用细实线绘制，剖面线画到粗实线为止。在垂直于螺纹轴线的投影面的视图中，小径圆用粗实线绘制；大径圆用细实线绘制，且只画约 3/4 圈。此时，螺纹倒角或倒圆省略不画，如图 2-26 所示。

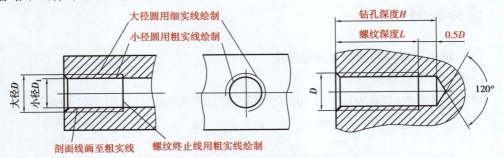

图 2-26　内螺纹的规定画法

（3）螺纹连接的规定画法

螺纹连接的规定画法，如图 2-27 所示。以剖视图表示内外螺纹的连接时，其旋合部分按外螺纹的画法绘制，其余部分仍按各自的画法表示。

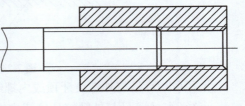

2. 齿轮的规定画法

图 2-27　螺纹连接的规定画法

（1）圆柱齿轮轮齿的各部分名称及代号

圆柱齿轮轮齿的各部分名称及代号，如图 2-28 所示。

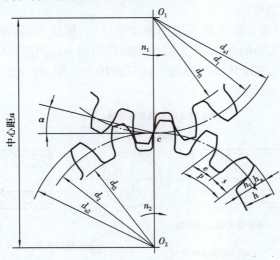

图 2-28　圆柱齿轮轮齿的各部分名称及代号

①齿顶圆。齿顶圆是通过轮齿顶部的圆,其直径以 d_a 表示。

②齿根圆。齿根圆是通过轮齿根部的圆,其直径以 d_f 表示。

③分度圆。在标准齿轮上,分度圆是齿厚 s 与槽宽 e 相等处的圆,其直径以 d 表示。

(2)单个圆柱齿轮的规定画法(GB/T 4459.2—2003)

如图 2-29 所示为单个圆柱齿轮的规定画法:齿顶圆和齿顶线用粗实线绘制;分度圆和分度线用细点划线绘制;齿根圆和齿根线用细实线绘制,可省略不画,在剖视图中齿根线用粗实线绘制。

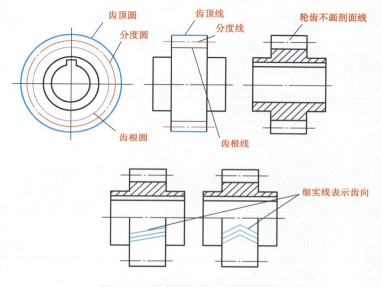

图 2-29　单个圆柱齿轮的规定画法

(3)齿轮啮合的画法

在表示齿轮端面的视图中,啮合区内的齿顶圆均用粗实线绘制,如图 2-30(a)所示。也可省略不画,但相切的两分度圆须用点划线画出,两齿根圆省略不画,如图 2-30(b)所示。若不做剖视,则啮合区内的齿顶线不必画出,此时分度线用粗实线绘制,如图 2-30(c)所示。

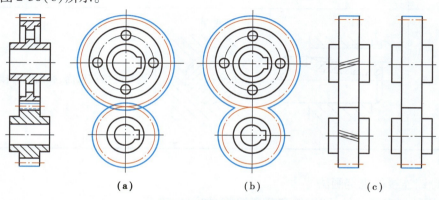

(a)　　　　　　(b)　　　　　　(c)

图 2-30　齿轮啮合的画法

3. 键连接和销连接的规定画法

（1）键连接的规定画法

常用的键有普通平键、半圆键和钩头楔键等，如图 2-31 所示。

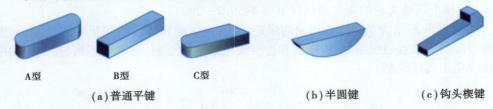

A型	B型	C型

（a）普通平键　　　　　　　　（b）半圆键　　　　（c）钩头楔键

图 2-31　常用的几种键

键连接的画法见表 2-5。

表 2-5　键连接的画法

名称	连接的画法		说明
普通平键	*A*|　　　　　　　*A*|	*A*—*A*	1. 键侧面接触； 2. 顶面有一定间隙； 3. 键的倒角或圆角可省略不画
半圆键	*A*|　　　　　　　*A*|	*A*—*A*	1. 键侧面接触； 2. 顶面有间隙
钩头楔键	*A*|　　　　　　　*A*|	*A*—*A*	键与键槽在顶面、底面同时接触

（2）销连接的规定画法

常用的销有圆柱销、圆锥销和开口销等，如图 2-32 所示。

（a）圆柱销　　　　　（b）圆锥销　　　　　（c）开口销

图 2-32　常用的销

　　圆柱销和圆锥销的画法与一般零件相同。如图 2-33 所示，在剖视图中，当剖切平面通过销的轴线时，按不剖处理。开口销常与槽形螺母配合使用，它穿过螺母上的槽和螺杆上的孔以防止螺母松动。

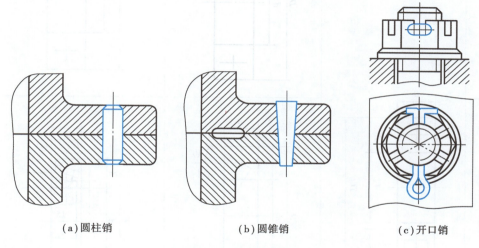

（a）圆柱销　　　　　　（b）圆锥销　　　　　　（c）开口销

图 2-33　销连接的画法

　　4. 滚动轴承的画法

　　滚动轴承的种类很多，但其结构大致相同，通常由外圈、内圈、滚动体（安装在内、外圈的滚道中，如滚珠、圆锥滚子等）和保持架（又称为隔离圈）等零件组成，如图 2-34所示。

（a）深沟球轴承　　　（b）圆锥滚子轴承　　　（c）单向推力球轴承

图 2-34　滚动轴承的结构

常用滚动轴承的画法见表2-6。

表2-6　常用滚动轴承的画法

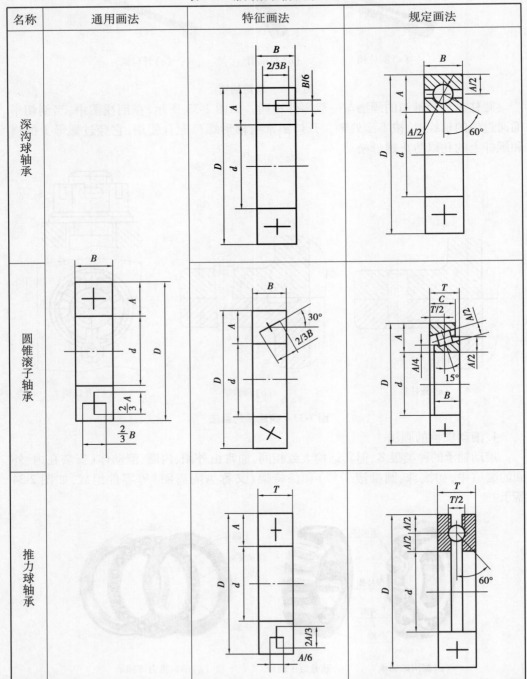

名称	通用画法	特征画法	规定画法
深沟球轴承			
圆锥滚子轴承			
推力球轴承			

5. 弹簧的画法

弹簧的种类很多,有螺旋弹簧、蜗卷弹簧和板弹簧等,如图 2-35 所示。

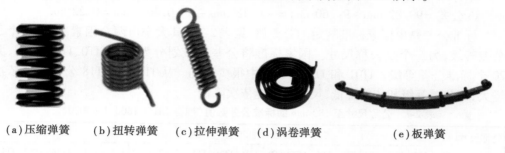

(a)压缩弹簧　　(b)扭转弹簧　(c)拉伸弹簧　(d)涡卷弹簧　　　(e)板弹簧

图 2-35　弹簧

圆柱螺旋压缩弹簧的画法如图 2-36 所示。

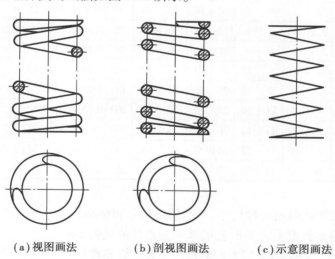

(a)视图画法　　　(b)剖视图画法　　　(c)示意图画法

图 2-36　圆柱螺旋压缩弹簧的规定画法

(二)零件图

零件在加工过程中,由于多种因素的影响,零件各部分的尺寸、形状、方向和位置等难以达到理想状态,总是存在或大或小的误差。本任务介绍机械零件最基本的尺寸精度、几何精度和表面粗糙度。

1. 尺寸精度

孔在加工过程中尺寸由小变大,孔的参数用大写字母表示。轴在加工过程中尺寸由大变小,轴的参数用小写字母表示。尺寸 $100^{-0.18}_{-0.40}$ 的含义如下:

①公称尺寸 100 mm。

②上偏差 = − 0.18 mm。

③下偏差 = − 0.40 mm。

④最大极限尺寸 = 100 mm − 0.18 mm = 99.82 mm,最小极限尺寸 = 100 mm −

0.40 mm = 99.60 mm。

零件尺寸在 99.60 mm ~ 99.82 mm 范围内就是合格的。

⑤公差 = 99.82 mm − 99.60 mm = − 0.18 mm − (− 0.40) mm = 0.22 mm。

标准公差是由国家标准规定的公差值,见表 2-7。其大小由两个因素决定,一个是公差等级,另一个是公称尺寸。国家标准将公差等级划分为 IT01、IT0、IT1—IT18,共 20 个标准公差等级。IT01 和 IT0 在工业中很少用到。从 IT01 到 IT18 公差数值依次增大,而公差等级却依次降低,尺寸精度也依次降低。

表 2-7 公称尺寸至 180 mm 的标准公差数值(摘自 GB/T 1800.1—2020)

公称尺寸 /mm		标准公差等级																
大于	至	IT1	IT2	IT3	IT4	IT5	IT6	IT7	IT8	IT9	IT10	IT11	IT12	IT13	IT14	IT15	IT16	IT17	IT18
		μm											mm						
—	3	0.8	1.2	2	3	4	6	10	14	25	40	60	0.1	0.14	0.25	0.4	0.6	1	1.4
3	6	1	1.5	2.5	4	5	8	12	18	30	48	75	0.12	0.18	0.3	0.48	0.75	1.2	1.8
6	10	1	1.5	2.5	4	6	9	15	22	36	58	90	0.15	0.22	0.36	0.58	0.9	1.5	2.2
10	18	1.2	2	3	5	8	11	18	27	43	70	110	0.18	0.27	0.43	0.7	1.1	1.8	2.7
18	30	1.5	2.5	4	6	9	13	21	33	52	84	130	0.21	0.33	0.52	0.84	1.3	2.1	3.3
30	50	1.5	2.5	4	7	11	16	25	39	62	100	160	0.25	0.39	0.62	1	1.6	2.5	3.9
50	80	2	3	5	8	13	19	30	46	74	120	190	0.3	0.46	0.74	1.2	1.9	3	4.6
80	120	2.5	4	6	10	15	22	35	54	87	140	220	0.35	0.54	0.87	1.4	2.2	3.5	5.4
120	180	3.5	5	8	12	18	25	40	63	100	160	250	0.4	0.63	1	1.6	2.5	4	6.3

一个公差带的代号由公称尺寸、基本偏差代号和标准公差等级组成。

轴的基本偏差数值见表 2-8,孔的基本偏差数值见表 2-9。

表 2-8 公称尺寸至 50 mm 轴的基本偏差数值(摘自 GB/T 1800.2—2020)

基本偏差单位:μm

代号		g		h							js	k		m		n	
公称尺寸 /mm		6	7	5	6	7	8	9	10	11	6	6	7	6	7	5	6
—	3	− 2 / − 8	− 2 / − 12	0 / − 4	0 / − 6	0 / − 10	0 / − 14	0 / − 25	0 / − 40	0 / − 60	± 3	+ 6 / 0	+ 10 / 0	+ 8 / + 2	+ 12 / + 2	+ 8 / + 4	+ 10 / + 4
3	6	− 4 / − 12	− 4 / − 16	0 / − 5	0 / − 8	0 / − 12	0 / − 18	0 / − 30	0 / − 48	0 / − 75	± 4	+ 9 / + 1	+ 13 / + 1	+ 12 / + 4	+ 16 / + 4	+ 13 / + 8	+ 16 / + 8
6	10	− 5 / − 14	− 5 / − 20	0 / − 6	0 / − 9	0 / − 15	0 / − 22	0 / − 36	0 / − 58	0 / − 90	± 4.5	+ 10 / + 1	+ 16 / + 1	+ 15 / + 6	+ 21 / + 6	+ 16 / + 10	+ 19 / + 10
10	14	− 6 / − 17	− 6 / − 24	0 / − 8	0 / − 11	0 / − 18	0 / − 27	0 / − 13	0 / − 70	0 / − 110	± 5.5	+ 12 / + 1	+ 19 / + 1	+ 18 / + 7	+ 25 / + 7	+ 20 / + 12	+ 23 / + 12
14	18																

续表

代号	g		h							js	k		m		n	
公称尺寸/mm	6	7	5	6	7	8	9	10	11	6	6	7	6	7	5	6
18　30	−7 −20	−7 −28	0 −9	0 −13	0 −21	0 −33	0 −52	0 −84	0 −130	±6.5	+15 +2	+23 +2	+21 +8	+29 +8	+24 +15	+28 +15
30　40 40　50	−9 −25	−9 −34	0 −11	0 −16	0 −25	0 −39	0 −62	0 −100	0 −160	±8	+18 +2	+27 +2	+25 +9	+34 +9	+28 +17	+33 +17

表 2-9　公称尺寸至 50 mm 孔的基本偏差数值(摘自 GB/T 1800.2—2020)

基本偏差单位:μm

代号	G		H							JS	K		M		N	
公称尺寸/mm	6	7	6	7	8	9	10	11	12	7	6	7	7	8	6	7
—　3	+8 +2	+12 +2	+6 0	+10 0	+14 0	+25 0	+40 0	+60 0	+100 0	±5	0 −6	0 −10	−2 −12	−2 −16	−4 −10	−4 −14
3　6	+12 +4	+16 +4	+8 0	+12 0	+18 0	+30 0	+48 0	+75 0	+120 0	±6	+2 −6	+3 −9	0 −12	+2 −16	−5 −13	−4 −16
6　10	+14 +5	+20 +5	+9 0	+15 0	+22 0	+36 0	+58 0	+90 0	+150 0	±7.5	+2 −7	+5 −10	0 −15	+1 −21	−7 −16	−4 −19
10　14 14　18	+17 +6	+24 +6	+11 0	+18 0	+27 0	+43 0	+70 0	+110 0	+180 0	±9	+2 −9	+6 −12	0 −18	+2 −25	−9 −20	−5 −23
18　30	+20 +7	+28 +7	+13 0	+21 0	+33 0	+52 0	+84 0	+130 0	+210 0	±10.5	+2 −11	+6 −15	0 −21	+4 −29	−11 −24	−7 −28
30　40 40　50	+25 +9	+34 +9	+16 0	+25 0	+39 0	+62 0	+100 0	+160 0	+250 0	±12.5	+3 −13	+7 −18	0 −25	+5 −34	−12 −28	−8 −33

例 2-1　ϕ48H8 的含义:公称尺寸为 ϕ48 mm,基本偏差为 H 的 8 级孔。

ϕ48f7 的含义:公称尺寸为 ϕ48 mm,基本偏差为 f 的 7 级轴。

2. 几何精度

零件在加工后的实际形状、方向和位置相对于理想形状、方向和位置会有偏离,会产生几何误差,如图 2-37 所示。几何误差的允许变动量称为几何公差。

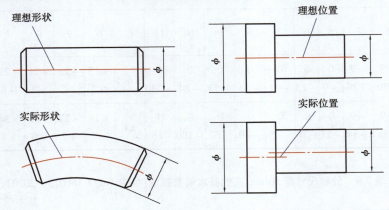

图 2-37　几何误差

几何公差有四类,即形状公差、方向公差、位置公差和跳动公差,见表 2-10。

表 2-10　几何公差的分类、几何特征及符号(摘自 GB/T 1182—2018)

公差类型	几何特征	符号	有无基准	公差类型	几何特征	符号	有无基准
形状公差	直线度	—	无	位置公差	位置度	⊕	有或无
	平面度	▱	无		同轴度（用于中心点）	◎	有
	圆度	○	无		同轴度（用于轴线）	◎	有
	圆柱度	⌭	无		对称度	=	有
	线轮廓度	⌒	无		线轮廓度	⌒	有
	面轮廓度	⌓	无		面轮廓度	⌓	有
方向公差	平行度	//	有	跳动公差	圆跳动	↗	有
	垂直度	⊥	有		全跳动	⌰	有
	倾斜度	∠	有	—	—	—	—
	线轮廓度	⌒	有	—	—	—	—
	面轮廓度	⌓	有	—	—	—	—

3.表面粗糙度

零件加工表面上具有较小间距与峰谷所组成的微观几何形状特性称为表面粗糙度,凡是零件上有配合要求或有相对运动的表面,表面粗糙度参数值要小。表面粗糙度参数值越小,表面质量越高,加工成本也越高。评定表面粗糙度的两个高度参数是 Ra 和 Rz。

表面粗糙度对零件的配合性质、耐磨程度、抗疲劳强度、腐蚀性及外观等都有影响,因此要合理选择表面粗糙度值。常见的表面粗糙度见表 2-11,红色为优选系列。

表 2-11　轮廓算术平均偏差 Ra(摘自 GB/T 1031—2009)

项目	表面粗糙度 Ra 值/μm													
数值	0.012	0.025	0.05	0.1	0.2	0.4	0.8	1.6	3.2	6.3	12.5	25	50	100

表面结构要素的图形符号见表 2-12。

表 2-12　表面结构要素的图形符号

符号名称	符号	含义
基本图形符号(基本符号)	符号为细实线 h=字体高度	未指定工艺方法的表面,当通过一个注释解释时可单独使用
扩展图形符号(扩展符号)		用去除材料的方法获得的表面,仅当其含义是"被加工表面"时可单独使用
		不去除材料的表面,也可用于表示保持上道工序形成的表面,不管这种状况是通过去除或不去除材料形成的
完整图形符号(完整符号)	允许任何工艺　去除材料　不去除材料	在以上各种图形符号的长边加一横线,以便注写对表面结构的各种要求

4.识读零件图

(1)识读零件图的要求

①了解零件的名称、用途、材料等。

②了解零件各部分的结构和形状。

③了解零件的大小、制造方法和技术要求。

（2）识读零件图的步骤

以识读图 2-38 凹凸配零件图为例，识读零件图步骤如下：

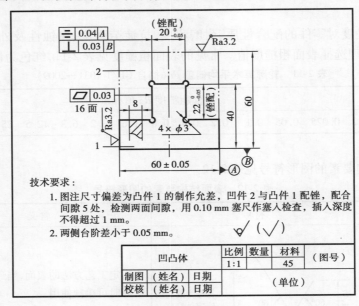

技术要求：

1. 图注尺寸偏差为凸件 1 的制作允差，凹件 2 与凸件 1 配锉，配合间隙 5 处，检测两面间隙，用 0.10 mm 塞尺作塞入检查，插入深度不得超过 1 mm。
2. 两侧台阶差小于 0.05 mm。

凹凸体	比例	数量	材料	（图号）
	1:1		45	
制图	（姓名）	日期		（单位）
校核	（姓名）	日期		

图 2-38　凹凸配零件图

1）概括了解

从标题栏中了解零件的名称、数量、用途和材料等，并结合视图初步了解该零件的大致形状和大小。从图 2-38 的标题栏可知，该零件名称叫凹凸体，材料为 45 钢，大致形状是件 1 为凸体、件 2 为凹体。

2）分析图样表达方法

该零件较简单，所以只用了一个基本视图，图 2-38 中有一处为重合断面图，可知材料厚度为 8 mm。

3）分析形体，想象零件的结构形状

该零件的形状是厚度为 8 mm 的凹凸体相配，在凹凸体相配的 4 个角处钻有直径为 3 mm 的孔，用于消隙。件 1 和件 2 及凹凸体相配图形，如图 2-39 所示。

件1　　　　件2　　　　件1与件2相配

图 2-39　凹凸体相配图

4)分析尺寸和技术要求

找出零件各方向上的尺寸基准,分析各部分的定形尺寸、定位尺寸及零件的总体尺寸;了解配合表面的尺寸公差、有关的形位公差及表面粗糙度等。

如图 2-38 所示零件,长度方向的尺寸基准为凸体左右方向的对称面;高度方向的尺寸基准为凸体的底面;各方向的主要尺寸为 60 ± 0.05,$20_{-0.05}^{0}$,40,60,$22_{-0.05}^{0}$,这些尺寸一般从主要基准直接注出;凸体凸起部分的对称度公差为 0.04 mm。

图中各种尺寸标注及代号的含义见表 2-13。

表 2-13　图中各种尺寸标注及代号的含义

项目	代号	含义
尺寸公差	60 ± 0.05	尺寸控制在 60.05 ~ 59.95 mm 为合格
	$20_{-0.05}^{0}$	尺寸控制在 20 ~ 19.95 mm 为合格
	$22_{-0.05}^{0}$	尺寸控制在 22 ~ 21.95 mm 为合格
	40	未注公差尺寸的公差等级规定为 IT14 ~ IT18
	60	未注公差尺寸的公差等级规定为 IT14 ~ IT18
	8	此处表示板材厚度为 8 mm
	$4 \times \phi 3$	4 个直径为 3 mm 的孔
形位公差	▱ 0.03	锉削的 16 个表面的平面度公差为 0.03 mm
	═ 0.04 A	凸体凸起部分的中心平面相对凸体左右方向的对称中心面的对称度公差为 0.04 mm
	⊥ 0.03 B	凸体凸起部分的中心平面相对于零件底面的垂直度公差为 0.03 mm
表面粗糙度	Ra 3.2	锉削的所有表面粗糙度 Ra 值都要达到 3.2 μm
	(不去材料符号)	表面用不去材料的方法获得

将上述各项内容综合起来,就能对这个零件建立起一个完整的总体概念。

任务检测

识读如题图所示钳工考证零件图,并完成相应题目。

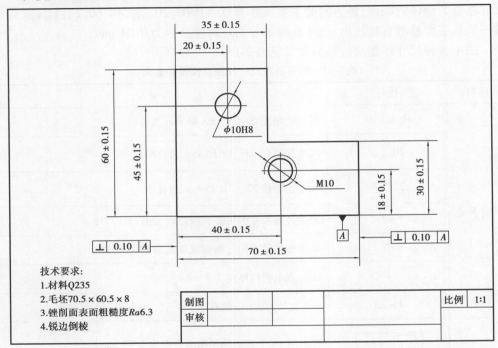

技术要求:

1. 材料Q235
2. 毛坯70.5×60.5×8
3. 锉削面表面粗糙度$Ra6.3$
4. 锐边倒棱

制图			比例	1:1
审核				

题图　钳工考证零件图

序号	项目	代号	含义
1	尺寸公差	70±0.15	
		M10	
		ϕ10H8	
2	形位公差	⊥ 0.10 A	
3	表面粗糙度	零件毛坯尺寸	
		锉削面表面粗糙度 Ra 值	

任务评价

评价表

序号	考核项目	配分/分	评分标准	得分/分
1	尺寸公差	45	每小题 15 分	
2	形位公差	25	每小题 25 分	
3	表面粗糙度	30	每小题 15 分	
	总分	100	合计	

项目三
常用机械传动

如图 3-1 所示的人力自行车，为了将人的动力传递给自行车后轮，采用了链传动。本项目主要介绍生活中应用十分广泛的带传动、链传动和齿轮传动，以及机械的润滑与密封。

链传动

图 3-1　人力自行车

任务一　带传动

任务目标

①了解带传动的类型和应用特点。
②了解带传动的工作过程及传动比。
③担当精神的培养。

任务实施

（一）带传动的组成、类型和特点

1. 带传动的组成

带传动由主动带轮、从动带轮和传动带3部分组成,工作时靠传动带与带轮之间产生的摩擦力或啮合作用来传递运动和动力,如图3-2所示。

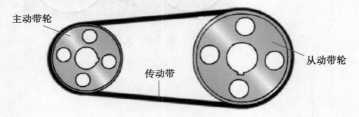

图3-2　带传动的组成

2. 带传动的类型

带传动按传动原理可分为摩擦型带传动和啮合型带传动两种。摩擦型带传动是依靠带与带轮之间的摩擦力来传递运动和动力,属于摩擦型带传动的有平带传动、V带传动、圆带传动和多楔带传动。啮合型带传动是依靠带与带轮上的齿间啮合作用来传递运动和动力,属于啮合型带传动的是同步齿形带传动。

（1）平带传动

平带的横截面呈矩形,靠带的内表面与带轮外圆间的摩擦力传递动力,如图3-3所示。平带已经标准化,适用于两轴中心距较大的场合。

（2）V带传动

V带的横截面呈倒梯形,靠带两侧面与带轮的轮槽之间产生的摩擦力来传递动力,如图3-4所示。在相同的初拉力条件下,V带传递的功率是平带的3倍。V带传动适用于转速高,力矩较大的工作场合。

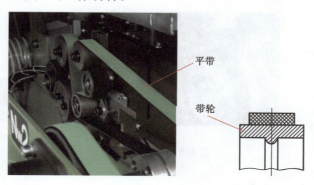

平带

带轮

图 3-3　平带传动

V带

图 3-4　V 带传动

（3）圆带传动

圆带的横截面呈圆形,靠圆带外圆表面与带轮外圆表面之间产生的摩擦力来传递动力,如图 3-5 所示。圆带传动主要用于小功率的传递,如仪器仪表和缝纫机等。

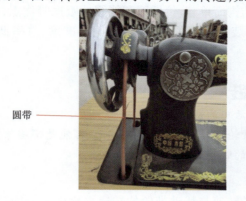

圆带

图 3-5　圆带传动

（4）多楔带传动

多楔带的横截面呈等间距的梯形楔,其工作面为楔的侧面,如图 3-6 所示。多楔带传动特别适用于结构要求紧凑、传动功率大的高速传动。

多楔带

图 3-6　多楔带传动

（5）同步齿形带传动

同步齿形带的内表面有梯形或圆形齿，靠带与带轮之间的啮合作用来传递运动和动力，如图 3-7 所示。同步齿形带传动适用于对传动比具有严格要求、转速高、力矩大的场合，如发动机配气机构等。

同步齿形带

图 3-7　同步齿形带传动

3. 带传动的特点

带传动具有传动平稳、结构简单、造价低廉和能缓冲吸振等优点，是一种应用广泛的机械传动。但它也有传动装置外部尺寸大、传动比不准确、效率低、带的寿命短等缺点。

　职业与生活实践

①列举带传动在日常生活中的应用实例。

②带传动工作中，主动带轮旋转，而从动带轮不动，可能是哪些原因造成的？

③拆装钳工实训室台钻的带传动，并按要求张紧。

（二）带传动的传动比

在带传动中，主动带轮的转速与从动带轮的转速之比称为带传动的传动比，用 i_{12} 表示。如果不考虑带与带轮间弹性滑动因素的影响，传动比计算公式可以用主、从动带轮基准直径来表示（基准直径是指轮槽基准宽度处带轮的直径）：

$$i_{12} = \frac{n_1}{n_2} = \frac{d_{d2}}{d_{d1}} \tag{3-1}$$

式中 n_1、n_2——主、从动带轮转速，r/min；

d_{d1}、d_{d2}——主、从动带轮基准直径，mm。

普通和窄 V 带轮基准直径系列值见表 3-1。

表 3-1　带轮基准直径系列值（摘自 GB/T 10412—2002 普通和窄 V 带轮）

63、67、71、75、80、85、90、95、100、106、112、118、125、132、140、150、160、170、180、190、200、212、224、236、250、265、280、300、315、335、355、375、400、425、450、475、500、530、560、600、630

例 3-1　某车床的电动机转速为 1 440 r/min，主动带轮的基准直径为 150 mm，从动带轮的转速为 539 r/min，求从动带轮的基准直径。

解： 由式（3-1）得

$$i_{12} = \frac{n_1}{n_2} = \frac{1\ 440}{539} \approx 2.67$$

$$d_{d2} = i_{12} d_{d1} = 2.67 \times 150 = 400.5(\text{mm})$$

取标准值，$d_{d2} = 400$ mm。

（三）带传动的张紧、安装与维护

1. 带传动的张紧

传动带进入主动带轮的一侧为紧边，从主动带轮出来的一侧为松边。为了增大传动带的摩擦力，一般安排带传动的下边为紧边，上边为松边。带在工作一段时间后，会产生永久变形而使带松弛，初拉力减少降低带传动的工作能力。因此，需要重新张紧传动带，提高初拉力。常用的张紧方法有以下两种：

（1）调整中心距

通过调整螺钉或调整螺母，增大中心距达到张紧的目的。汽车小型发动机的发电机、冷却水泵、空调压缩机和曲轴之间的 V 带传动常用调整中心距来张紧 V 带，如图 3-8 所示。

调整螺钉

V带

图 3-8　调整中心距张紧带传动

（2）安装张紧轮

当中心距不能或不便调整时，可安装张紧轮张紧。为使传动带只受单向弯曲，张紧轮应安置在传动带的松边外侧且靠近大带轮处，以免小带轮包角减小太多。大功率发动机的多楔带和配气机构的同步齿形带常采用张紧轮进行张紧，如图3-9所示。

图3-9　安装张紧轮张紧带传动

2. 带传动的安装

①安装时，主动带轮与从动带轮的轮槽要对正，两轮的轴线要保持平行，如图3-10所示。

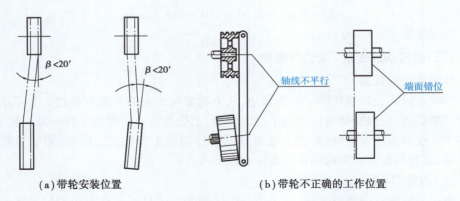

（a）带轮安装位置　　　　　　（b）带轮不正确的工作位置

图3-10　带轮的安装

②安装V带时，先将中心距缩小后将带套入，然后慢慢调整中心距，直至张紧。正确的检查方法是用大拇指在每条带中部施加20 N左右的垂直压力，下沉量10～15 mm为宜，如图3-11所示。

图3-11　V带的张紧检查

③V 带断面在轮槽中应有正确的位置,V 带外缘应与轮外缘平齐,如图 3-12 所示。

图 3-12　V 带在轮槽中的位置

3. 带传动的安全与防护

①带传动安装或拆卸时,绝不允许直接用手拨撬带,以防夹手。

②带轮在轴端应有固定装置,以防带轮脱轴。

③带传动必须安装安全防护罩,不允许传动件外露。

☞ 职场健康与安全

①新旧不同的 V 带不能同时使用。更换 V 带时,为保证相同的初拉力,应更换全部 V 带。

②禁止给带轮上加润滑剂,应及时清除带轮槽及带上的油污。

任务检测

(一)填空题

1. 带传动由＿＿＿＿＿＿、＿＿＿＿＿＿和＿＿＿＿＿＿3 部分组成。

2. 带传动按传动原理可分为＿＿＿＿＿＿带传动和＿＿＿＿＿＿带传动两种。

3. 带传动常用的张紧方法有＿＿＿＿＿＿和＿＿＿＿＿＿。

4. 张紧轮应安置在传动带的＿＿＿＿＿＿外侧且靠近＿＿＿＿＿＿带轮处。

(二)判断题

5. 新旧不同的 V 带可以同时使用。　　　　　　　　　　　　　　　　　　(　　)

6. 同步齿形带传动属于摩擦型带传动。　　　　　　　　　　　　　　　　(　　)

7. 传动带进入主动带轮的一侧为紧边。　　　　　　　　　　　　　　　　(　　)

(三)单项选择题

8. 以下属于啮合型带传动的是(　　)。

　　A. 圆带传动　　　　B. V 带传动　　　　C. 多楔带传动　　　　D. 同步齿形带传动

9. 带张紧的目的是(　　)。

　　A. 提高带的寿命　　　　　　　　　B. 改变带轮间的距离

　　C. 提高初拉力　　　　　　　　　　D. 改变带的运动方向

（四）按要求做题

10.拆装钳工实训室台钻的带传动,并按要求张紧。

任务评价

评价表

序号	考核项目	配分/分	评分标准	得分/分
（一）	填空题	36	每空 4 分	
（二）	判断题	15	每小题 5 分	
（三）	单项选择题	14	每小题 7 分	
（四）	按要求做题	35	按实际操作情况给分	
	总分	100	合计	

任务二　链传动

任务目标

①了解链传动的类型、应用特点和工作过程。
②人生观的教育。

任务实施

（一）链传动的组成、类型和特点

1.链传动的组成

链传动由主动链轮、从动链轮和链条 3 部分组成,如图 3-13 所示。工作时,靠链条的链节与链轮轮齿的啮合来传递运动和动力。

2.链条的类型

链条按用途不同可以分为传动链、起重链和输送链 3 种,如图 3-14 所示。传动链用于一般机械中传递运动和动力,如自行车、摩托车等传动。起重链用于起重机械中提升重物,如港口用的集装箱起重机械和叉车提升装置。输送链用于输送工件、物品和材料,如自动扶梯曳引链等。

52

主动链轮　　　　　　　　链条　　　　　从动链轮

图 3-13　链传动的组成

（a）传动链　　　　　　　（b）起重链　　　　　　　（c）输送链

图 3-14　链条的类型

3. 链传动的特点

链传动是一种啮合传动,与带传动相比:链传动没有弹性滑动和打滑现象,平均传动比准确;承载能力大,可以在恶劣条件(灰尘、油污、高温、潮湿)下工作;开式链传动的效率可达 90% ~ 93%。与齿轮传动相比:链传动可在两轴中心距较大的场合下工作。链传动的缺点是:传动的平稳性差,有噪声,容易脱链。

（二）传动链

传动链根据结构的不同可分为齿形链和滚子链两种。

1. 齿形链

齿形链是一组链齿板铰接而成,它是利用特定齿形的链片和链轮啮合来传递运动和动力的,如图 3-15 所示。齿形链传动平稳,噪声很小,又称无声链传动。齿形链结构复杂,拆装困难,易磨损,成本较高,多用于高速或运动精度要求较高的场合。

图 3-15　齿形链

2. 滚子链

滚子链由外链板、内链板、销轴、套筒和滚子组成,如图 3-16 所示。外链板固定在销轴上,内链板固定在套筒上,滚子与套筒间和套筒与销轴间均可相对转动。

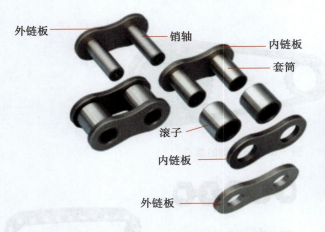

外链板　销轴　内链板　套筒　滚子　内链板　外链板

图 3-16　滚子链的结构

　　滚子链可单列或多列并用,多列并用可传递较大功率,如图 3-17 所示。滚子链比齿形链质量轻、寿命长、成本低,在动力传动中应用较广。

（a）单列滚子链　　　　　　（b）双列滚子链　　　　　　（c）三列滚子链

图 3-17　滚子链类型

　　滚子链的接头形式有三种,如图 3-18 所示。当链节数为偶数时,链条连接成环形正好使外链板与内链板相接,接头处用开口销或弹性锁片将销轴固定,如图 3-18（a）、（b）所示。当链节数为奇数时,就必须采用过渡链节,如图 3-18（c）所示。通常应避免采用过渡链节。

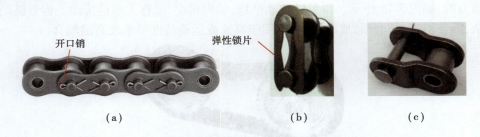

开口销　　　　　　　　　　弹性锁片

（a）　　　　　　　　　　　（b）　　　　　　　　　（c）

图 3-18　滚子链的接头形式

　　滚子链的主要参数是节距。节距是链条上相邻销轴的间距。节距越大,链条的结构尺寸越大,承载能力也越强,但链传动的稳定性随之变差。滚子链常用链号与节距见表 3-2。

链号	10A	12A	16A	20A	24A
节距	15.875	19.05	25.40	31.75	38.10

表 3-2　滚子链常用链号与节距（摘自 GB/T 1243—2006）　单位：mm

滚子链的标记为：链号-排数×链节数 标准号。例如，链号为 20A（查表 3-2 知节距为 31.75 mm）、双排链、链节数为 80 的滚子链的标记为：

$$20A - 2 \times 80 \quad GB/T\ 1243—2006$$

职业与生活实践

①列举链传动在日常生活中的应用实例。

②如何解决自行车脱链？

（三）链传动的传动比

由于链条绕在链轮上折成多边形，多边形的边长上各点的运动速度并不相等，所以链传动的传动比是指平均链速的传动比。链传动的传动比是主动链轮的转速与从动链轮的转速之比，也是从动链轮的齿数与主动链轮的齿数之比：

$$i_{12} = \frac{n_1}{n_2} = \frac{Z_2}{Z_1} \tag{3-2}$$

式中　n_1、n_2——主、从动链轮的转速，r/min；

　　　Z_1、Z_2——主、从动链轮的齿数。

（四）链传动的张紧、安装与维护

1. 链传动的张紧

为了防止链传动松边垂度过大，引起啮合不良和抖动现象，应采取张紧措施。张紧方法有：当中心距可调时，可增大中心距；当中心距不可调时，可去掉 1～2 个链节，或采用张紧轮张紧，目前汽车上常用链条自动张紧器，如图 3-19 所示。

　　　　　　　　　　　　　　　　　　　　　　自动张紧器

图 3-19　链条自动张紧器

2.链传动的安装

安装链传动时,两链轮轴线必须平行,并且两链轮旋转平面应位于同一平面内,否则会引起脱链和不正常的磨损。

3.链传动的维护

良好的润滑可减轻磨损,缓和冲击和振动,延长链传动的使用寿命。对于不便使用润滑油的场合,应定期清洗链轮和链条,定期用润滑脂涂抹。在链传动的使用过程中,应定期检查润滑情况及链条的磨损情况。

任务检测

(一)填空题

1.链传动由_____、_____和_____3部分组成。

2.链条按用途不同可以分为_____、_____和_____3种。

3.传动链根据结构的不同可分为_____和_____两种。

(二)判断题

4.链传动没有弹性滑动和打滑现象。　　　　　　　　　　　　　(　　)

5.滚子链又称无声链。　　　　　　　　　　　　　　　　　　(　　)

6.滚子链的链节数最好为奇数。　　　　　　　　　　　　　　(　　)

(三)单项选择题

7.工作条件恶劣且两轴中心距较大选用的传动是(　　)。

　　A.带传动　　　　　B.链传动　　　　　C.齿轮传动　　　　　D.蜗杆传动

8.自行车的链传动属于(　　)。

　　A.传动链　　　　　B.起重链　　　　　C.输送链　　　　　D.齿形链

(四)计算题

9.自行车大链轮的齿数为48,小链轮的齿数为16,车轮的直径为610 mm,求大链轮转动一圈时自行车前进的距离。

(五)按要求做题

10.拆装自行车或摩托车的链传动。

任务评价

评价表

序号	考核项目	配分/分	评分标准	得分/分
(一)	填空题	24	每空答对得3分	

续表

序号	考核项目	配分/分	评分标准	得分/分
(二)	判断题	15	每小题答对得 5 分	
(三)	单项选择题	10	每小题答对得 5 分	
(四)	计算题	11	每小题答对得 10 分	
(五)	按要求做题	40	按流程正确拆装自行车或摩托车的链传动	
	总分	100	合计	

任务三　齿轮传动

任务目标

①了解齿轮传动的类型和特点。
②了解齿轮传动的工作过程和传动比。
③了解常用齿轮传动的应用场合。
④培养工匠精神。

任务实施

(一)齿轮传动的组成、类型和特点

1. 齿轮传动的组成

齿轮传动依靠两齿轮的轮齿啮合来传递运动和动力,它由主动齿轮、从动齿轮和机架组成,如图 3-20 所示。齿轮传动可用于传递动力、改变运动速度或旋转方向。

2. 齿轮传动的类型

(1)按照一对齿轮两轴线的相对位置和轮齿的齿向不同可分为两轴线平行、两轴线相交和两轴线相错 3 种。

（a）外啮合　　　　　　　　　　　　（b）内啮合

图 3-20　齿轮传动的组成

①两轴线平行，如图 3-21 所示。

（a）直齿　　　　　　　　　　　　（b）斜齿

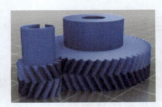

（c）齿轮齿条　　　　　　　　　　（d）人字齿

图 3-21　两轴线平行

②两轴线相交，如图 3-22 所示。

（a）直齿锥齿轮　　　　　　　　　　（b）曲齿锥齿轮

图 3-22　两轴线相交

③两轴线相错,如图 3-23 所示。

（a）蜗轮蜗杆　　　　　　　　　（b）交错轴斜齿轮

图 3-23　两轴线相错

（2）按齿轮的工作条件,可分为:

①开式齿轮传动:齿轮暴露在外,不能保证良好的润滑,适用于低速及不重要的场合。

②半开式齿轮传动:齿轮浸入油池,只有简单防护罩,适用于简单机械设备。

③闭式齿轮传动:润滑、密封良好,用于机床和汽车等的齿轮传动中。

3.齿轮传动的特点

①齿轮传动结构紧凑,工作可靠,使用寿命长。

②齿轮传动的传动比恒定,传递运动准确,传动效率高,一般可达 96% ~ 99%。

③传递运动和动力的范围广。传递功率可以从很小至几十万千瓦,速度最高可达 300 m/s,齿轮直径可以从几毫米至二十多米。

④齿轮传动制造安装精度高,成本也较高,且不能用于远距离传动。

（二）齿轮传动的工作过程和传动比

齿轮传动工作时,主动轮的轮齿通过啮合点对从动轮的轮齿产生法向推力,从而推动从动齿轮转动,同时把主动轴的运动和动力传递给从动轴。齿轮传动的传动比是主动齿轮的转速与从动齿轮的转速之比,也是从动齿轮的齿数与主动齿轮的齿数之比。

$$i_{12} = \frac{n_1}{n_2} = \frac{Z_2}{Z_1} \tag{3-3}$$

式中　n_1、n_2——主、从动齿轮的转速,r/min;

　　　Z_1、Z_2——主、从动齿轮的齿数。

（三）常用齿轮传动的应用场合

齿轮传动是应用最广泛的机械传动之一,常在各种工业机械、电气设备及手表等产品中应用,如图 3-24 所示。

（a）手表

（b）汽车变速器

（c）手摇绕线机

图 3-24　齿轮传动的应用实例

职业与生活实践

寻找学校实训设备应用齿轮传动的装置，并照相保存。

任务检测

（一）填空题

1. 齿轮传动由 ＿＿＿＿＿＿＿＿ 、＿＿＿＿＿＿＿＿ 和 ＿＿＿＿＿＿＿＿ 组成。

2. 齿轮传动可用于传递 ＿＿＿＿＿＿＿＿ 、改变 ＿＿＿＿＿＿＿＿ 或 ＿＿＿＿＿＿＿＿ 。

3. 齿轮传动按照一对齿轮两轴线的相对位置不同可分为两轴线 ＿＿＿＿＿＿＿＿ 、两轴线 ＿＿＿＿＿＿＿＿ 和两轴线 ＿＿＿＿＿＿＿＿ 3 种。

（二）判断题

4. 齿轮传动属于摩擦型传动。　　　　　　　　　　　　　　　　（　　　）

5. 齿轮传动的传动比恒定。　　　　　　　　　　　　　　　　　（　　　）

（三）计算题

6. 题 6 图所示为一对啮合的标准直齿圆柱齿轮传动，已知小齿轮为主动齿轮，模数 $m = 3$ mm，齿数 $Z_1 = 24$，转速 $n_1 = 1\,440$ r/min；大齿轮为从动齿轮，齿数 $Z_2 = 84$。求该传动的传动比 i，大齿轮的转速 n_2，并在图上用箭头画出大齿轮的转动方向。

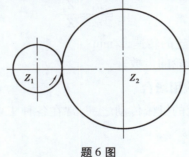

题 6 图

（四）按要求做题

7.寻找学校实训设备应用齿轮传动的装置。

任务评价

评价表

序号	考核项目	配分/分	评分标准	得分/分
（一）	填空题	36	每空答对得 4 分	
（二）	判断题	10	每小题答对得 5 分	
（三）	计算题	14	每小题答对得 14 分	
（四）	按要求做题	40	寻找学校实训设备应用齿轮传动的装置,并照相	
	总分	100	合计	

任务四　机械的润滑与密封

任务目标

①认识机械润滑的目的及润滑剂的作用。
②了解常用润滑剂的选用和润滑的方法。
③了解机械密封的目的和常用的密封方式。
④培养环境保护意识。

任务实施

（一）机械的润滑

1.机械润滑的目的
机械两摩擦表面之间注入润滑剂,可以降低摩擦阻力和减缓磨损,还可以达到降低温度、防止锈蚀、缓和冲击、减少振动、消除磨屑或形成密封等目的。

2.润滑剂的种类
凡能起降低摩擦阻力作用的介质都可作为润滑剂,润滑剂主要包括润滑脂和润滑油。

（1）润滑脂

润滑脂是润滑油与稠化剂、添加剂等的膏状混合物。润滑脂按所用润滑油不同可分为矿物油润滑脂和合成油润滑脂。润滑脂由于是固体或半流体润滑剂，适用于不能采用循环润滑方式的机械零部件的润滑。常用润滑脂的性能及用途见表3-3。

表3-3 常用润滑脂的性能及用途

名称	性能	用途
钠基润滑脂 GB 492—1989	耐高温、黏附性强，但不耐水	适用于 −10 ~ 110 ℃ 温度范围内一般中等负荷机械设备的润滑，不适用于与水相接触的润滑部位
钙钠基润滑脂 SH/T 0368—1992	耐热性、抗水性均较好	适用于铁路机车和列车的滚动轴承、小电动机和发电机的滚动轴承以及其他高温轴承等的润滑。上限工作温度为 100 ℃，在低温情况下不适用
通用锂基润滑脂 GB/T 7324—2010	具有良好的润滑性能，抗水性好、机械安定性、耐热性和耐蚀性好	适用于工作温度在 −20 ~ 120 ℃ 范围的各种机械设备的滚动轴承和滑动轴承及其他摩擦部位的润滑
极压锂基润滑脂 GB/T 7323—2019	具有良好的机械安定性、抗水性、极压抗磨性、防磨性和泵送性	适用于工作温度在 −20 ~ 120 ℃ 范围的高负荷机械设备轴承及齿轮的润滑，也可用于集中润滑系统

润滑脂的填充量对机械润滑与润滑脂的消耗量有密切关系，轴承中填充过量的润滑脂会使轴承摩擦转矩增大，引起轴承温升过高，并导致润滑脂的流失；若填充量不足或过少又可能发生干摩擦而损坏轴承。一般密封轴承，润滑脂的填充量以轴承内腔1/3 ~ 2/3 为宜；滚动轴承上端应填充轴承空腔的1/2，下端填充空腔的1/3 ~ 3/4；在污染环境下工作的轴承以及低、中速运转的轴承，要填满全部空腔。

 职场健康与安全

不同的润滑脂不能随意混用。

（2）润滑油

润滑油由基础油和添加剂两部分组成。基础油是润滑油的主要成分，决定着润滑油的基本性质，添加剂则可弥补和改善基础油性能方面的不足，赋予某些新的性能，是润滑油的重要组成部分。

工业闭式齿轮油是工业润滑油的一种，主要用于各种机械齿轮传动及蜗杆传动的润滑。工业闭式齿轮油的主要性能和用途见表3-4。

表 3-4　工业闭式齿轮油的主要性能和用途

（摘自 GB 5903—2011 工业闭式齿轮油）

品种代号	黏度等级	黏度指数不小于	主要性能和用途
L－CKB	100、150、220、320	90	具有良好的抗氧化性、耐蚀性、抗浮化性等性能,适用于齿面应力在 500 MPa 以下的一般工业闭式齿轮传动的润滑
L－CKC	32、46、68、100、150、220、320、460	90	具有良好的极压抗磨性和热氧化安定性,适用于冶金、矿山、机械、水泥等工业的中载荷(500～1 100 MPa)闭式齿轮传动的润滑
	680、1 000、1 500	85	
L－CKD	68、100、150、220、320、460、680、1 000	90	具有更好的极压抗磨性和抗氧化性,适用于矿山、冶金、机械、化工等行业的重载荷齿轮传动装置的润滑

 职业与生活实践

①学校车床主轴箱用什么润滑油?

②查阅资料,汽车底盘用什么润滑脂?

③查阅资料,汽车发动机用什么润滑油?

3. 润滑方法与润滑装置

（1）脂润滑的方法和润滑装置

脂润滑的加脂方式主要有人工加脂、脂杯加脂和集中润滑系统供脂 3 种。

①人工加脂。人工加脂是将润滑脂抹入轴承中,或用油枪将脂由油孔注入润滑部位。一般用于中、低速机械,如果密封合理,也可用于高速部位的润滑。如图 3-25 所示汽车底盘的脂润滑加注就属于人工加脂方式。

油嘴

（a）油枪　　　　（b）黄油嘴　　　　（c）汽车底盘万向节油嘴

图 3-25　人工加脂

②脂杯加脂。脂杯加脂是将润滑脂装在脂杯里向润滑部位滴下的加脂方式。

③集中润滑系统供脂。集中润滑系统供脂是用压力泵将脂缸中的润滑脂输送到

润滑点上,这种加脂方式多用于润滑点较多的车间和工厂。

(2)油润滑的方法和润滑装置

油润滑的方法和润滑装置主要有以下几种:

①手工润滑。由操作人员使用油壶或油枪向润滑点的油孔、油嘴或油杯中加油,使油流到需要润滑的部位。主要用于低速、轻载、间歇工作的开式齿轮、链条及其他摩擦副的滑动面润滑,加油量依靠操作人员的感觉与经验加以控制。

②滴油润滑。滴油润滑用油杯供油,利用油的自重流至摩擦表面。滴油润滑不宜使用高黏度的油,否则针阀容易堵塞。

③飞溅润滑。飞溅润滑是利用旋转构件将油池中的油飞溅到需要润滑的摩擦面上。发动机的活塞环和活塞销主要利用曲轴旋转飞溅的润滑油进行润滑,如图3-26所示。

图3-26　飞溅润滑

④压力强制润滑。压力强制润滑是利用油泵将润滑油加压后输送到润滑部位进行润滑。压力油能够克服旋转零件表面上产生的离心力,因此供油比较丰富,润滑效果好,而且冷却效果也较好。压力强制润滑广泛用于大型、重载、高速、精密、自动化的各种机械设备。发动机的大瓦、小瓦和凸轮轴就采用了压力强制润滑,如图3-27所示。

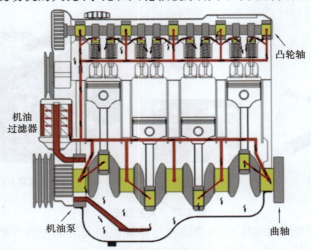

图3-27　压力强制润滑

职业与生活实践

学校实训室机床的润滑方式有哪些？

（二）机械的密封

1. 机械密封的目的

机械中的工作介质和润滑剂的泄漏会造成浪费或环境污染，泄漏是机械设备常见的故障之一。机械密封的目的在于阻止工作介质和润滑剂泄漏，防止灰尘和水分等侵入机械。

2. 机械的密封方式

密封分为静密封和动密封两大类。两零件结合面间没有相对运动的密封称为静密封，如发动机油底壳与气缸体之间的密封，如图 3-28 所示。

密封垫

密封胶

油底壳

图 3-28　静密封

机器（或设备）中相对运动件之间的密封称为动密封。动密封主要分为往复式动密封和旋转式动密封两类。发动机中活塞与气缸壁间用活塞环密封就属于往复式动密封，如图 3-29 所示。

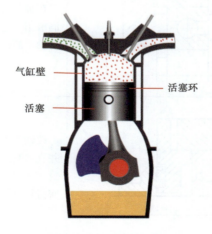

气缸壁

活塞环

活塞

图 3-29　往复式动密封

旋转式动密封有接触式和非接触式。常用旋转式动密封的种类、特性及应用见表 3-5。

表 3-5　常用旋转式动密封的种类、特性及应用

种类		图形	特性及应用
接触式动密封	毡圈密封		毡圈安装前充分浸油。毡圈密封结构简单,易于更换,成本低,适用于线速度 v 小于 10 m/s、工作温度低于 125 ℃ 的轴。毡圈密封适用于脂润滑。当与其他密封组合使用时,也可用于油润滑
	唇形密封圈密封	氟橡胶密封环 拉紧弹簧	依靠唇部自身的弹性和弹簧的压力压紧在轴上实现密封,唇口对着轴承方向安装。唇形密封圈密封效果好,易拆装,主要用于线速度 $v < 20$ m/s、工作温度小于 100 ℃ 的油润滑的轴的密封
	O 形橡胶圈密封		O 形圈提供足够的密封预紧力,密封性能好、结构简单,安装方便,温度使用范围为 $-60 \sim 220$ ℃
非接触式动密封	沟槽密封		在轴承盖孔内制几个环形槽,并充满润滑脂。适用于干燥、清洁环境中脂润滑轴承的外密封
	迷宫密封		在轴承盖与轴套间形成曲折的缝隙,并在缝隙中充满润滑脂,形成迷宫密封。适用于润滑脂和润滑油,若与其他密封组合使用,效果更好

职业与生活实践

学校实训室机床的密封方式有哪些？

任务检测

（一）填空题

1. 润滑剂主要包括_____和_____。

2. 润滑脂按所用润滑油不同可分为_____润滑脂和_____润滑脂。

3. 油润滑的方法主要有_____润滑、滴油润滑、_____润滑和压力强制润滑。

4. 密封分为_____密封和_____密封两大类。

（二）判断题

5. 润滑脂就是黄油。 （　　　）

6. 汽车底盘的加脂方式用脂杯加脂。 （　　　）

（三）单项选择题

7. 以下不属于接触式密封的是（　　　）。

　　A. 毡圈密封　　　B. 唇形密封圈密封　　C. O形橡胶圈密封　　D. 沟槽密封

8. 发动机用活塞环密封属于（　　　）。

　　A. 非接触式密封　　B. 静密封　　　　　　C. 往复式动密封　　　D. 旋转式动密封

（四）简答题

9. 简述机械润滑的目的。

10. 简述工业闭式齿轮油的种类。

任务评价

评价表

序号	考核项目	配分/分	评分标准	得分/分
（一）	填空题	40	每空答对得 5 分	
（二）	判断题	20	每小题答对得 10 分	
（三）	单项选择题	20	每小题答对得 10 分	
（四）	简答题	20	每小题答对得 10 分	
	总分	100	合计	

项目四

常用工程材料

材料是制造零件的物质,材料无所不在,材料日新月异。材料、信息和能源是国际公认的构成现代文明的三大支柱。本项目主要介绍黑色金属材料、有色金属材料和工程塑料。

任务一　金属材料的性能

任务目标

①了解金属材料的类型、用途、力学性能及工艺性能。
②培养全局意识。

任务实施

（一）金属材料的分类

金属材料分为黑色金属材料和有色金属材料两种。工业上,通常把由铁、碳为主要元素组成的铁碳合金统称为黑色金属,其中碳的平均质量分数 $\omega(C)$ 不大于 2.11% 的铁碳合金称为钢,大于 2.11% 的铁碳合金称为铸铁。除铁碳合金以外的金属称为有色金属,有色金属在机械制造生产中常用的主要是铝、铜及其合金。

（二）金属材料的性能

金属材料的性能包括使用性能和工艺性能。使用性能是指金属材料在使用过程中所表现出来的性能,包括物理性能、化学性能和力学性能;工艺性能是指金属材料从冶炼到成品的生产过程中,在各种加工条件下所表现出的性能。

1. 金属材料的物理性能和化学性能

金属材料的物理性能是金属固有的属性,包括密度、熔点、导热性、导电性、热膨胀性和磁性等。

金属材料的化学性能是指金属在化学作用下所表现出来的性能,包括耐蚀性、抗氧化性和化学稳定性等。

2. 金属材料的力学性能和工艺性能

金属材料的力学性能是指金属在外力作用下所表现出来的性能,主要包括强度、塑性、韧性、硬度和疲劳强度。

（1）强度

金属材料的强度是指金属材料在外力作用下抵抗塑性变形和断裂的能力。当承受拉力时,强度特性指标主要是屈服强度和抗拉强度。

（2）塑性

金属材料的塑性是指金属材料在外力作用下产生永久变形而不断裂的能力。常用塑性值的指标是伸长率和断面收缩率。

（3）韧性

金属材料的韧性是指金属材料在断裂前吸收变形能量的能力。冲击吸收能量越大，则材料的韧性越好。汽车用的齿轮和连杆，工作时受到很大的冲击载荷，因此要用吸收能量值高的材料制造。铸铁的冲击吸收能量值很低，灰铸铁的冲击吸收能量值接近于零，因此不能用来制造承受冲击载荷的零件。

（4）硬度

金属材料的硬度是指金属材料对外界物体机械作用（如压陷、刻划）的局部抵抗能力。硬度不是金属独立的基本性能，而是反映弹性、强度与塑性等的综合性能指标。硬度高的材料强度高，耐磨性能好，但切削加工性能较差。

（5）疲劳强度

金属材料的疲劳强度是指金属材料在无限多次交变载荷作用下而不被破坏的最大应力。实际上，金属材料并不可能做无限多次交变载荷试验。一般试验时规定，钢铁材料经受 10^7 次、非铁（有色）金属材料经受 10^8 次交变载荷作用时不产生断裂时的最大应力即称为疲劳强度。

金属材料的工艺性能是指在各种加工条件下所表现出来的适应性能，包括铸造性能、锻造性能、焊接性和切削加工性能等。

任务检测

（一）填空题

1.金属材料分为＿＿＿＿＿材料和＿＿＿＿＿材料两种。

2.有色金属材料在机械制造生产中常用的主要是＿＿＿＿＿及其＿＿＿＿＿。

3.金属材料的性能包括＿＿＿＿＿性能和＿＿＿＿＿性能。

（二）判断题

4.材料是物质的基础。　　　　　　　　　　　　　　　（　　）

5.黑色金属材料里面只有铁和碳两种元素。　　　　　　　（　　）

6.冲击吸收能量越大，则材料的韧性越好。　　　　　　　（　　）

7.硬度高的材料强度高，耐磨性能好。　　　　　　　　　（　　）

（三）单项选择题

8.以下不属于金属材料使用性能的是（　　）。
　A.物理性能　　　B.化学性能　　　C.力学性能　　　D.工艺性能

9.以下属于金属材料工艺性能的是（　　）。
　A.强度　　　B.硬度　　　C.焊接性　　　D.疲劳强度

10.金属材料对外界物体机械作用的局部抵抗能力称为金属材料的（　　）。
　A.强度　　　B.硬度　　　C.韧性　　　D.疲劳强度

任务评价

评价表

序号	考核项目	配分/分	评分标准	得分/分
（一）	填空题	30	每空答对得5分	
（二）	判断题	40	每小题答对得10分	
（三）	单项选择题	30	每小题答对得10分	
	总分	100	合计	

任务二　黑色金属材料

任务目标

①了解工程用黑色金属材料的规格、性能和用途，能查阅相关手册。
②学会用辩证的思想看问题。

任务实施

（一）铸铁

1. 灰铸铁（GB/T 9439—2010）

灰铸铁中的碳以片状石墨形式析出，对基体有割裂作用，断口呈浅灰色。灰铸铁铸造性好、易切削，具有消振和润滑作用。但脆性大、塑性差。

灰铸铁的牌号用"灰铁"的汉语拼音首位字母"HT"和最低抗拉强度的数值（MPa）表示。例如，HT350表示最低抗拉强度为350 MPa的灰铸铁。

灰铸铁件的牌号及用途见表4-1。

表4-1　灰铸铁件的牌号及用途（摘自GB/T 9439—2010）

牌号	最小抗拉强度/MPa	用途
HT100	100	外罩、手把、手轮、底板、重锤等
HT150	150	端盖、泵体、轴套、阀门、机床底座、床身、带轮等

续表

牌号	最小抗拉强度/MPa	用途
HT200	200	气缸、齿轮、底架、机体、飞轮、齿条、液压筒、液压泵、带轮等
HT225	225	
HT250	250	阀壳、油缸、气缸、联轴器、机体、齿轮、飞轮、凸轮、轴承座等
HT275	275	齿轮、凸轮、车床卡盘、液压筒、液压泵、滑阀的壳体等
HT300	300	
HT350	350	齿轮、凸轮、车床卡盘、高压液压筒、液压泵和滑阀的壳体等

2. 球墨铸铁（GB/T 1348—2009）

球墨铸铁是将铁液通过球化处理获得球状石墨的铸铁。由于石墨呈球状，使球墨铸铁强度较高，塑性与韧性比灰铸铁有较大改善，接近于钢；具有良好的铸造性、耐磨性、减振性和切削加工性。

球墨铸铁的牌号用"球铁"的汉语拼音首位字母"QT"，加最小抗拉强度的数值（MPa）和最小断后伸长率的百分数表示。尾数加"L"表示该牌号有低温（-20 ℃或-40 ℃）下的冲击性能要求，加"R"表示该牌号有室温（23 ℃）下的冲击性能要求。例如，QT400-15 表示最小抗拉强度为 400 MPa，最小断后伸长率为 15% 的球墨铸铁。

球墨铸铁件的牌号及用途见表 4-2。

表 4-2　球墨铸铁件的牌号及用途（摘自 GB/T 1348—2009）

牌号	抗拉强度/MPa	屈服强度（最小值）/MPa	伸长率 A/%	用途
QT350-22L	350	220	22	农机具、犁铧、收割机、割草机；汽车轮毂、驱动桥壳体、离合器壳等
QT350-22R	350	220	22	
QT350-22	350	220	22	
QT400-18L	400	240	18	
QT400-18R	400	250	18	
QT400-18	400	250	18	
QT400-15	400	250	15	
QT450-10	450	310	10	用途同 QT400-18
QT500-7	500	320	7	内燃机油泵齿轮、机车轴瓦等

续表

牌号	抗拉强度/MPa	屈服强度（最小值）/MPa	伸长率 A/%	用途
QT550-5	550	350	5	内燃机曲轴、连杆；部分机床主轴；空压机、冷冻机等
QT600-3	600	370	3	
QT700-2	700	420	2	
QT800-2	800	480	2	
QT900-2	900	600	2	内燃机曲轴、凸轮轴、转向节、传动轴、农机具等

3. 可锻铸铁（GB/T 9440—2010）

可锻铸铁是由白口铸铁经石墨化退火而获得团絮状石墨的铸铁。团絮状石墨对铸铁基体的割裂作用介于灰铸铁和球墨铸铁之间，因此可锻铸铁的力学性能也介于灰铸铁和球墨铸铁之间。

可锻铸铁的牌号用"可铁黑"的汉语拼音首位字母"KTH"或"可铁珠"的汉语拼音首位字母"KTZ"，加最小抗拉强度的数值（MPa）和最小断后伸长率的百分数表示。"H"表示黑心可锻铸铁，"Z"表示珠光体可锻铸铁。例如，KTH330-08 表示最低抗拉强度为 330 MPa、最低断后伸长率为 8% 的黑心可锻铸铁。

可锻铸铁件的牌号及用途见表 4-3。

表 4-3　可锻铸铁件的牌号及用途（摘自 GB/T 9440—2010）

牌号	抗拉强度/MPa	0.2% 屈服强度/MPa	伸长率 A/%	用途
KTH275-05	275	—	5	机床零件、运输机零件、升降机零件等。KTH300-06、KTH330-08 用于自来水管道配件、农机零件等。KTH350-10、KTH370-12 汽车和拖拉机后桥外壳等
KTH300-06	300	—	6	
KTH330-08	330	—	8	
KTH350-10	350	200	10	
KTH370-12	370	—	12	
KTZ450-06	450	270	6	KTZ450-06 用于制作插销、轴承座。KTZ550-04 用于制作汽车前轮轮毂、变速箱等。KTZ650-02 用于制作柴油机活塞、差速器壳等。KTZ700-02 用于制作曲轴、传动齿轮、凸轮轴等
KTZ500-05	500	300	5	
KTZ550-04	550	340	4	
KTZ600-03	600	390	3	
KTZ650-02	650	430	2	
KTZ700-02	700	530	2	
KTZ800-01	800	600	1	

（二）钢

钢是使用最广泛的金属材料,钢的主要元素除铁、碳外,还有硅、锰、硫、磷等元素。硅和锰是有益元素;硫和磷是有害元素,硫产生热脆性,磷产生冷脆性。

钢的种类很多,按化学成分不同可分为碳素钢和合金钢两大类,按钢的品质不同可分为普通钢、优质钢和高级优质钢,按钢的用途不同可分为结构钢、工具钢和特殊性能钢。

1. 碳素钢

碳素钢具有良好的力学性能,冶炼方便,价格便宜,在机械制造、建筑和交通运输等行业得到广泛的应用。

（1）碳素结构钢（GB/T 700—2006）

碳素结构钢冶炼容易、工艺性好、价格低廉,而且在力学性能上也能满足一般工程结构及普通机械零件的要求,所以应用广泛。

碳素结构钢的牌号、力学性能及用途见表 4-4。

表 4-4　碳素结构钢的牌号、力学性能及用途

（摘自 GB/T 700—2006）

牌号	等级	屈服强度/MPa 厚度（或直径）/≤16 mm	抗拉强度 /MPa	用途
Q195	—	195	315～430	铁丝、垫铁、垫圈、开口销、拉杆等
Q215	A	215	335～450	拉杆、套圈、垫圈、渗碳零件及焊接件
	B			
Q235	A	235	370～500	金属结构件,心部强度要求不高的渗碳或氰化零件,拉杆、吊钩、螺栓、螺母、套筒、轴及焊接件,C、D级用于重要的焊接结构
	B			
	C			
	D			
Q275	A	275	410～540	转轴、心轴、吊钩、拉杆等强度要求不高的零件,焊接性尚可
	B			
	C			轴类、链轮、齿轮、吊钩等强度要求较高的零件
	D			

碳素结构钢的牌号由代表屈服点的字母、屈服点的数值、质量等级符号、脱氧方法符号 4 个部分组成,如 Q235-AF,牌号含义为:

"Q"是钢材屈服点"屈"字汉语拼音首位字母,"235"表示屈服点为 235 MPa,"A"表示质量等级为 A,"F"表示沸腾钢。

（2）优质碳素结构钢（GB/T 699—2015）

优质碳素结构钢含有害元素硫、磷的质量分数较低，非金属夹杂物较少，既保证力学性能又保证化学性能，一般都要经过热处理之后使用，广泛用于制造较重要的零件。

优质碳素结构钢的牌号及用途见表4-5。

表4-5 优质碳素结构钢的牌号及用途

（摘自 GB/T 699—2015）

牌号	用途
08	机罩、壳盖、管子、垫片、套筒、短轴、离合器盘等
10	拉杆、卡头、垫片、铆钉等
15	螺栓、螺钉、拉条、法兰盘、化工容器、蒸汽锅炉等
20	杠杆、轴套、螺钉、起重钩等
25	轴、辊子、连接器、垫圈、螺栓、螺钉、螺母等
30	螺钉、拉杆、轴、套筒、机座等
35	曲轴、转轴、拉杆、连杆、圆盘、套筒、钩环、飞轮、机身、法兰、螺栓、螺母等
40	辊子、轴、曲柄销、活塞销等
45	曲轴、传动轴、齿轮、蜗杆、键、销等
50	齿轮、轧辊、机床主轴、连杆、次要弹簧等
55	
60	轧辊、轴、弹簧、离合器、钢丝绳等
65	气门弹簧、弹簧垫圈、轧辊、轴、凸轮、钢丝绳等
70	
75	板弹簧、螺旋弹簧以及要求耐磨的零件
80	
85	
15Mn	凸轮轴、齿轮、联轴器等
20Mn	
25Mn	
30Mn	螺栓、螺母、杠杆、转轴、心轴等
35Mn	
40Mn	轴辊及高应力下工作的螺钉、螺母等
45Mn	转轴、齿轮、螺栓、螺母、离合器盖、花键轴、万向节、凸轮轴、曲轴、地脚螺栓等
50Mn	齿轮、齿轮轴、摩擦盘等

续表

牌号	用途
60Mn	螺旋弹簧、板簧、弹簧环、发条等
65Mn	各种扁、圆弹簧与发条,犁、切刀、轻载汽车离合器弹簧等
70Mn	弹簧圈、盘簧、止推环、离合器盘、锁紧圈等

优质碳素结构钢的牌号用两位数字表示。这两位数字表示钢中碳的平均质量分数的万分数。当钢中锰的质量分数 $\omega(Mn) = 0.7\% \sim 1.2\%$ 时,在两位数字后加"Mn",表示较多锰的优质碳素结构钢。

例 4-1　40 表示碳的平均质量分数为 0.40% 的优质碳素结构钢。

15Mn 表示碳的平均质量分数为 0.15% 并有较多锰的优质碳素结构钢。

2. 合金钢

碳素钢中加入一种或多种适量合金元素,以改善钢的某种性能,称为合金钢。加入的合金元素有 Si、Mn、Cr、W、V、Mo、Ti 等。合金钢根据合金元素总质量分数的不同可分为:低合金钢(合金元素的质量分数不大于 5%)、中合金钢(合金元素的质量分数为 5% ~ 10%)和高合金钢(合金元素的质量分数不小于 10%)。合金钢按用途分为结构钢、工具钢、不锈钢和耐热钢等。

(1)低合金高强度结构钢(GB/T 1591—2018)

低合金高强度结构钢是一种低碳、低合金的钢材,具有高强度、高韧性、良好的焊接性和一定的耐蚀性,广泛用于制造船舶、桥梁和车辆等。

低合金高强度结构钢的牌号、质量等级及用途见表4-6。

表 4-6　低合金高强度结构钢的牌号、质量等级及用途

(摘自 GB/T 1591—2018)

牌号	质量等级	用途
Q355	B、C、D	用于 −20 ~ 500 ℃高中压锅炉、化工容器、船舶、桥梁、起重机械、矿山机械等较多载荷的结构
Q390	B、C、D	
Q420	B、C	用于大型船舶、车辆、桥梁、高压容器等重型机械
Q460	C	

低合金高强度结构钢的牌号由四个部分组成:"屈"字汉语拼音首位字母"Q"、最小上屈服强度数值、交货状态代号、质量等级符号。

例 4-2　Q460C 表示最小上屈服强度为 460 MPa,质量等级为 C 级的低合金高强度结构钢。

低合金高强度结构钢与碳素结构钢的区别是:碳素结构钢"Q"后的数值不超过300 MPa,而低合金高强度结构钢"Q"后的数值不低于 300 MPa。

（2）合金结构钢（GB/T 3077—2015）

合金结构钢的牌号有 86 个，各种合金结构钢的化学成分与力学性能可见国家标准 GB/T 3077—2015《合金结构钢》。合金结构钢常用的有合金渗碳钢和合金调质钢等。

1）合金渗碳钢

合金渗碳钢一般经过渗碳处理，使零件表面具有足够高的硬度和耐磨性，由于低碳，而零件心部仍有足够的韧性。如 20Cr、20Mn2 用于制造表面承受磨损、心部要求较高强度的齿轮、凸轮、蜗杆、活塞销等。

2）合金调质钢

合金调质钢一般经过调质处理，使零件具有良好的综合力学性能，而由于中碳，所以零件具有足够的强度、硬度、塑性、韧性，主要用于制造在多种载荷下工作，受力比较复杂，要求具有良好综合力学性能的重要零件。如 40CrNi 用于制造主轴、曲轴等承受冲击、振动、弯曲、扭转等载荷或重要的零件。

合金结构钢的牌号由三部分组成：钢中碳的平均质量分数的万分数；合金元素符号及合金元素的平均质量分数的百分数，当小于 1.5% 时，一般只标明合金元素符号；如果是高级优质钢，则在牌号末尾加"A"。

例 4-3 40Cr 表示碳的平均质量分数为 0.40%，铬的平均质量分数小于 1.5% 的合金结构钢。

👆**职业与生活实践**

如图 4-1 所示物品一般用什么黑色金属材料制造？

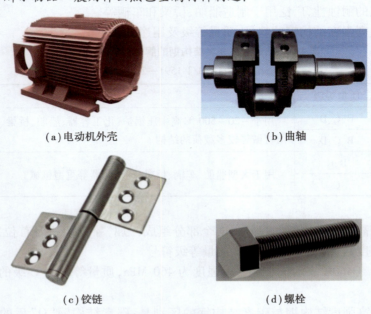

（a）电动机外壳　　　　　　　　　　（b）曲轴

（c）铰链　　　　　　　　　　（d）螺栓

图 4-1　物品所用黑色金属材料

任务检测

解释下列黑色金属材料牌号的含义。

HT300、QT500-7、KTH350-10、KTZ800-01、Q275-A、45、25Mn、Q420B、20Mn2、40CrNi

任务评价

评价表

考核项目	配分/分	评分标准	得分/分
解释牌号含义	100	每个答对得 10 分	
总分	100	合计	

任务三　有色金属材料

任务目标

①了解有色金属及其合金的规格、性能和用途,能查阅相关手册。
②树立科学发展观。

任务实施

(一)铝及铝合金

1.纯铝

纯铝是一种银白色的金属。纯铝的熔点为 660 ℃,密度为铁的 1/3,是一种轻金属材料,其导电性、导热性仅次于银、铜,但纯铝的强度硬度很低,塑性很高,一般不能作为结构件使用,主要作为配制铝合金的原料。

2.铝合金

铝合金是在铝中加入适量的锡、铜、镁、锰等元素后获得的合金,经处理后,铝合金的机械性能大为提高。铝合金的比强度高、具有良好的耐蚀性、切削加工性和铸造性、可以实现柔性的强度设计、表面美观。铝合金按其成分和工艺特点的不同可分为变形铝合金和铸造铝合金。

（1）变形铝合金（GB/T 3190—2008）

变形铝合金的种类、特性及用途见表4-7。

表4-7 变形铝合金的种类、特性及用途

种类	特性	用途
防锈铝	有良好的塑性、耐蚀性	用于制造耐蚀性高的容器、防锈剂受力小的构件，如油箱、导管、日用器具等
硬铝	热处理后，强度、硬度显著提高	用于制造飞机零部件及仪表零件
超硬铝	热处理后，强度、硬度较高	用于制造飞机上受力较大的结构件，如飞机大梁
锻铝	具有较好的锻造性能	用于制造航空仪表中形状复杂、要求强度高的锻件

（2）铸造铝合金（GB/T 1173—2013）

铸造铝合金具有优良的铸造性能，耐蚀性好，用于制造轻质、耐蚀、形状复杂的零件，如活塞、发动机气缸体、气缸盖和车轮等，如图4-2所示。

（a）活塞　　　　　　　　　　（b）气缸体

（c）气缸盖　　　　　　　　　（d）车轮

图4-2 铸造铝合金的应用

（二）铜及铜合金（GB/T 5231—2012）

1. 工业纯铜

工业纯铜又称紫铜、电解铜。它具有良好的导电性、导热性、塑性和耐腐蚀性，可进行冷、热压力加工，但强度和硬度低。纯铜的牌号有 T1、T2、T3、T4 四种，"T"为"铜"

字汉语拼音首位字母,数字为顺序号,顺序号越大,杂质含量越多,纯度越低。纯铜价格较贵,为贵重金属,一般不用于制造结构零件,主要作为导电材料及配制铜合金的原料。工业纯铜生产的导线,如图 4-3 所示。

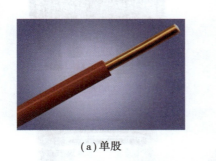

（a）单股　　　　　（b）多股

图 4-3　导线

2. 铜合金

铜合金根据主加元素的不同可分为黄铜、青铜和白铜。在工业上最常用的是黄铜和青铜。铜合金的种类、常用牌号及用途见表 4-8。

表 4-8　铜合金的种类、常用牌号及用途

种类		常用牌号	用途
黄铜 （以锌为主加元素的铜合金）	普通黄铜	H80	颜色呈金黄色,可作装饰品
		H70	又称三七黄铜,用于制造弹壳、散热器等
		H62	又称四六黄铜,用于制造弹簧、垫圈等
	特殊黄铜	HPb59-1	主要用于制造大型轴套、垫圈等
		HMn58-2	主要用于制造气阀、滑阀等
青铜 （指铜与锌或镍以外的元素组成的合金）	普通青铜	ZCuSn10P1	用于制作古镜、钟鼎、蜗轮、轴承、弹簧等
	特殊青铜		用于制造轴承保持架、蜗轮等
白铜 （铜镍合金）		B19、B30	白铜的表面很光亮,不易锈蚀,主要用于制造精密仪器、仪表中耐蚀零件及电阻器、热电偶等

 职业与生活实践

如图 4-4 所示物品一般用什么有色金属材料制造?

（a）漆包线　　　　　　（b）鼎

（c）锣　　　　　　（d）活塞

图 4-4　物品所用有色金属材料

任务检测

（一）填空题

1. 铝合金按其成分和工艺特点的不同可分为_____铝合金和_____铝合金。

2. 工业纯铜又称_____、电解铜。

3. 铜合金根据主加元素的不同可分为_____、_____和_____。

（二）简答题

4. 简述变形铝合金的种类、特性及用途。

任务评价

评价表

序号	考核项目	配分/分	评分标准	得分/分
（一）	填空题	48	每空答对得 8 分	
（二）	简答题	52	每一类 13 分，视答题情况给分	
	总分	100	合计	

任务四　塑　料

任务目标

①了解通用塑料及工程塑料的基本性能和用途。
②培养创新精神。

任务实施

(一)通用塑料

通用塑料是产量大、用途广、成形性好、价格低廉的热塑性材料,通用塑料的强度比较低,使用温度也无法与钢铁材料相比。常用通用塑料的性能特点及应用见表4-9。

表4-9　常用通用塑料的性能特点及应用

通用塑料	性能特点	应用
聚乙烯 (PE)	具有优良的耐低温性能,电绝缘性、化学稳定性好,能耐大多数酸碱的侵蚀,但不耐热	农膜、工业用包装膜、管材、电线电缆、绳缆、渔网等
聚丙烯 (PP)	耐腐蚀,强度、刚性和透明性都比聚乙烯好,缺点是耐低温冲击性差,易老化	餐具、厨房用具、盆、桶、玩具、渔网、方向盘、仪表盘等
聚苯乙烯 (PS)	透明度高,热塑性好、密度小、耐水、耐腐蚀、绝缘性能好	制造防震、隔音、耐热的泡沫塑料,是很好的包装材料
聚氯乙烯 (PVC)	具有较高的机械强度和良好的化学稳定性及电绝缘性,但软化点较低,耐热、耐寒性差,易老化	薄膜、PVC 门窗、箱包、沙发、运动鞋、汽车坐垫、人造革等

(二)工程塑料

工程塑料和通用塑料相比,工程塑料在机械性能、耐久性、耐腐蚀性、耐热性等方面能达到更高的要求,而且加工更方便并可替代金属材料。典型工程塑料的性能特点及应用见表4-10。

表 4-10　典型工程塑料的性能特点及应用

工程塑料	性能特点	应用
聚酰胺（尼龙）（PA）	具有优良的耐磨性、耐热性、耐化学药品性、耐油性，强度高，低温性能好	用于制造滑轮、齿轮、风扇叶片、高压密封圈、汽车部件等
聚碳酸酯（PC）	刚性好，有韧性，抗冲击性好，尺寸稳定性好，具有良好的电绝缘性、耐热性、无毒性	用于制造水桶、水杯、透明板材、光盘、移动电话等
聚甲醛（POM）	具有较高的抗拉强度和抗冲击性能，疲劳强度特别高	用于制造承受循环载荷的构件以及管件、阀门等
聚苯醚（PPO）	具有优良的尺寸稳定性和电绝缘性，优良的耐水、耐蒸汽性能，有较好的耐磨性	主要用于代替不锈钢制造外科医疗器械

职业与生活实践

如图 4-5 所示物品一般用什么塑料制造？

（a）地膜

（b）电视机外壳

（c）凳子

（d）包装

图 4-5　物品所用塑料

任务检测

简述通用塑料和工程塑料的种类、性能和用途。

任务评价

评价表

考核项目	配分/分	评分标准	得分/分
简答题	100	视答题情况给分	
总分	100	合计	

项目五
钳工基础技能

钳工是机械制造中最古老的金属加工技术,职业院校机械类专业的学生应会一些基本钳工操作技能,这些技能对今后的生活或进一步学习机械加工技术都十分有帮助。本项目主要介绍划线、锯削、锉削、孔加工和螺纹加工等钳工基本操作内容。

任务一　钳工入门

任务目标

①熟悉钳工工作场地的常用设备。
②了解钳工的特点。
③掌握钳工的安全文明操作规程。
④培养工匠精神。

任务实施

（一）钳工工作场地的常用设备

钳工工作场地的常用设备有钳台、台虎钳、砂轮机和钻床等，如图5-1所示。

（a）钳台

（b）台虎钳

（c）砂轮机

（d）台钻

图5-1　钳工工作场地的常用设备

（二）钳工

1. 钳工概念

钳工是以手工操作为主的切削加工方法。钳工加工灵活、可加工形状复杂和高精度的零件、投资小,但是生产效率低和劳动强度大、加工质量不稳定。所以钳工技能要求加强基本技能练习,严格要求,规范操作,多练多思,勤劳创新。随着机械工业的发展,钳工分工进一步细化,如普通钳工、划线钳工、修理钳工、装配钳工、模具钳工、工具钳工和钣金钳工等。

2. 钳工的基本操作内容

钳工的基本操作内容主要包括划线、锯削、锉削、孔加工和螺纹加工等,如图 5-2 所示。

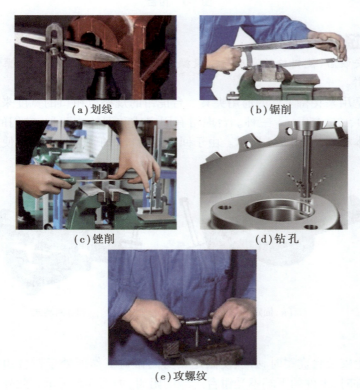

（a）划线　　　　　　　　（b）锯削

（c）锉削　　　　　　　　（d）钻孔

（e）攻螺纹

图 5-2　钳工的基本操作内容

（三）钳工常用设备的使用

1. 钳台

钳台也称钳工台或钳桌,主要用来安装台虎钳,如图 5-3 所示。钳台常用硬质木板或钢材制成,要求坚实、平稳,台面上安装台虎钳,有的还要安装防护网,钳台台面高度为 800～900 mm。

图 5-3　钳台

职场健康与安全

台虎钳安装后,使钳口的高度与一般操作者的手肘平齐,从而方便操作。

2. 台虎钳

台虎钳是用来夹持工件的通用夹具。台虎钳的规格以钳口的宽度来表示,常用的台虎钳有 100、125、150 mm 三种。台虎钳有固定式和回转式两种,它们的主要构造和工作原理基本相同,如图 5-4 所示。由于回转式台虎钳能够回转,因此使用方便,应用较广。

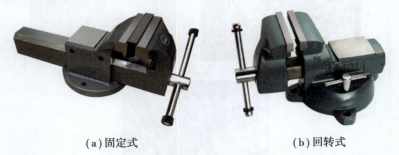

（a）固定式　　　　　　　　　　（b）回转式

图 5-4　台虎钳

在钳台上安装台虎钳时,必须使固定钳身的钳口工作面处于钳台边缘之外,以便在夹持长工件时,工件的下端不受钳台边缘的阻碍,如图 5-5 所示。此外,台虎钳必须牢固地固定在钳台上,安装的夹紧螺钉必须拧紧,以免在工作时钳身发生松动而损坏台虎钳和影响加工质量。

台虎钳的使用方法及保养:

①夹紧工件要松紧适当,只能用手拧紧手柄,不得借助其他工具加力,如图 5-6(a)所示。

②强力作业时,应尽量使力朝向固定钳身,如图 5-6(b)所示。

固定钳身的钳口工作
面处于钳台边缘之外

夹紧螺钉必须拧紧

图 5-5　台虎钳的安装

③不要在活动钳身的光滑平面上敲击作业，以防破坏它与固定钳身的配合性能，如图 5-6(c)所示。

④对丝杠、螺母等活动表面，应经常清洗、润滑，以防生锈，如图 5-6(d)所示。

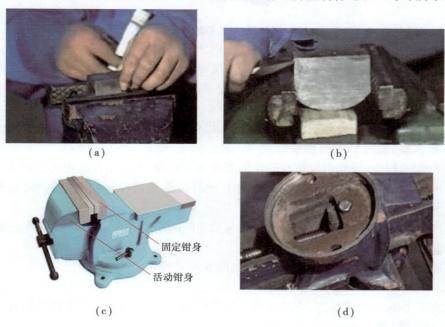

(a)　　　　　　　　　　　　　　(b)

固定钳身

活动钳身

(c)　　　　　　　　　　　　　　(d)

图 5-6　台虎钳的使用方法及保养

　**职业与生活实践**

学校钳工实训室一张钳台有几个工位？

3.砂轮机

砂轮机主要用来磨削各种刀具或工具,如磨削钻头、刮刀、车刀、样冲、划针,也可用来磨去工件或材料上的毛刺、锐边等。砂轮机主要由砂轮、电动机、防护罩、托架和砂轮机座等组成,如图5-7所示。

防护罩
砂轮
托架
电动机
砂轮机座

图5-7 砂轮机的构造

砂轮机的使用方法及保养:

①砂轮的旋转方向应正确,使磨屑向下飞离砂轮,而不致伤人,如图5-8(a)所示。

②砂轮机启动后应观察砂轮的运转情况,待转速正常后再进行磨削,如图5-8(b)所示。

③磨削时,不要对砂轮施加过大的压力,以免磨削件打滑伤人,或因发生剧烈撞击引起砂轮破裂,如图5-8(c)所示。

④磨削过程中,操作者应站在砂轮的侧面或斜对面,不要站在砂轮的正对面。

⑤砂轮磨削面必须经常修整,以使砂轮的外圆及端面没有明显的跳动,如图5-8(d)所示。

⑥拧松调整螺钉,保持砂轮机的托架与砂轮间的距离在3 mm以内,以防止磨削件扎入,造成事故,如图5-8(e)所示。

⑦砂轮机用完后,应立即关掉电源,如图5-8(f)所示。

4.钻床

常用的钻床有台式钻床、立式钻床和摇臂钻床三种,手电钻也是常用的钻孔工具。

(1)台式钻床

台式钻床简称台钻,是指可安放在作业台上,主轴竖直布置的小型钻床。台式钻床钻孔直径一般在13 mm以下。台钻小巧灵活,使用方便,结构简单,主要用于加工小型工件上的各种小孔。它在仪表制造、钳工和装配中用得较多。台式钻床由主轴、钻夹头、底座、立柱、手柄、工作台、皮带护罩和电动机等组成,如图5-9所示。

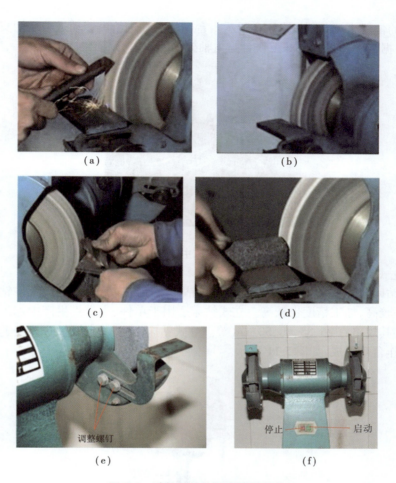

（a）   （b）

（c）   （d）

调整螺钉
（e）

停止   启动
（f）

图 5-8   砂轮机的使用方法及保养

皮带护罩

电动机

主轴

手柄

钻夹头

立柱

工作台

底座

图 5-9   台式钻床的构造

　　由于加工的孔径较小,故台钻的主轴转速一般较高,最高转速可高达每分钟近万转,最低在 400 r/min 左右,故不适宜进行锪孔和铰孔加工。主轴的转速可用改变 V 带在带轮上的位置来调节,如图 5-10 所示。台钻的主轴进给由转动进给手柄实现。在钻孔前,需根据工件高低调整好工作台与主轴架间的距离,并锁紧固定。

图 5-10　台式钻床主轴转速的调整

（2）立式钻床

立式钻床简称立钻。与台钻相比,立式钻床刚性好、功率大,因而允许钻削较大的孔,生产率较高,加工精度也较高。立式钻床适用于单件、小批量生产中加工中小型工件上的孔,其规格有 25,35,40,50 mm 等。立式钻床由主轴变速箱、进给变速箱、底座、立柱和工作台等组成,如图 5-11 所示。

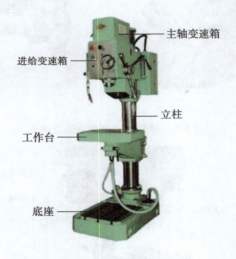

图 5-11　立式钻床的构造

立式钻床由于它的主轴转速和机动进给量都有较大变动范围,因而适用于不同材料的加工和进行钻孔、扩孔、锪孔、铰孔及攻螺纹等多种工作。

（3）摇臂钻床

摇臂钻床有一个能绕立柱旋转的摇臂,摇臂带着主轴箱可沿立柱垂直移动,同时主轴箱还能在摇臂上做横向移动,如图 5-12 所示。因此,操作时能很方便地调整刀具的位置,以对准被加工孔的中心,无须移动工件来进行加工。摇臂钻床适用于一些笨重的大工件以及多孔工件的加工。

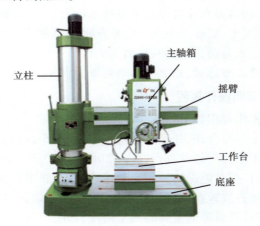

图 5-12　摇臂钻床的构造

　　摇臂钻床的主轴变速范围和进给量调整范围广,所以加工范围广,可用于钻孔、扩孔、锪孔、锪平面、铰孔及攻螺纹等多种工作。

　　(4)手电钻

　　手电钻就是以交流电源或直流电源为动力的钻孔工具,是一种携带方便的小型钻孔用工具。手电钻按电源种类的不同可分为交流手电钻和直流手电钻,如图 5-13 所示。直流手电钻电源一般使用充电电池,可在一定时间内,在无外接电源的情况下正常工作,目前直流电钻已被广泛应用。

（a）交流手电钻　　　　　　　　（b）直流手电钻

图 5-13　手电钻

　　手电钻用于金属材料、木材和塑料等钻孔的工具,当装有正反转开关和电子调速装置后,可用来进行螺纹拆装。

👆职场健康与安全

　　①手电钻外壳必须有接地或者接零中性线保护。

　　②手电钻导线要保护好,严禁乱拖防止轧坏、割破,更不准把电线拖到油水中,防止油水腐蚀电线。

③使用时一定不能戴手套、首饰等物品，防止卷入设备给手带来伤害，穿胶布鞋；在潮湿的地方工作时，必须站在橡皮垫或干燥的木板上工作，以防触电。

④使用中发现电钻漏电、震动、高热或者有异声时，应立即停止工作，找电工检查修理。

⑤手电钻未完全停止转动，不能卸、换钻头。

⑥停电休息或离开工作地时，应立即切断电源。

（四）钳工的安全文明操作规程

钳工的安全文明操作规程如下：

①钳工场地设备布局要合理，并经常保持整洁，如图5-14（a）所示。

②使用的机床及工量具应经常进行检查，如图5-1（b）所示。

③使用电动工具时，要有绝缘防护和安全接地措施，如图5-14（c）所示。

④常用工量具应整齐放置在钳台的适当位置，以便拿取。量具不能与工具和工件堆放在一起，以防损坏量具或降低量具的测量精度，如图5-14（d）所示。

⑤毛坯和加工工件应放在规定的位置，并排列整齐，安放平稳。既要保证安全和场地整洁，又要便于加工时取放工件，如图5-14（e）所示。

⑥产生的切屑不能用嘴吹或用手抹，而应用刷子扫掉，如图5-14（f）所示。

⑦装拆零件、部件时，要托好、扶稳或夹牢，以免跌落受损或伤人。

⑧钳工操作时，应顾及前后左右，并保持一定距离，以免碰伤他人，如图5-14（g）所示。

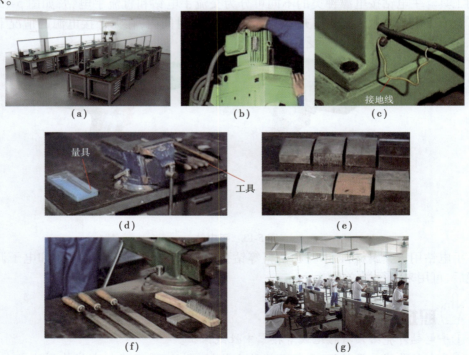

图5-14　钳工的安全文明操作规程

任务检测

（一）填空题

1. 钳工工作场地的常用设备有_____、台虎钳、_____和钻床等。

2. 钳工是以_____操作为主的切削加工方法。

3. 钳台主要用来安装_____。

4. 台虎钳是用来_____的通用夹具。

5 台虎钳的规格以_____来表示，有_____和_____两种。

6. 在台虎钳上强力作业时，应尽量使力朝向_____钳身。

7. 在磨削过程中，操作者应站在砂轮的_____或_____，而不要站在砂轮的_____。

8. 常用的钻床有_____钻床、_____钻床和_____钻床三种。

9. 手电钻就是以_____电源或_____电源为动力的钻孔工具。

（二）判断题

10. 钳台台面高度没有要求。 （　　）

11. 台虎钳安装后，钳口的高度与一般操作者的手肘平齐。 （　　）

12. 用台虎钳夹紧工件时，可借助其他工具加力。 （　　）

13. 砂轮机的旋转方向正确时，磨屑向上飞离砂轮。 （　　）

14. 钳工加工过程中产生的切屑不能用嘴吹或手抹。 （　　）

（三）单项选择题

15. 下列设备不属于钳工常用设备的是（　　）。
    A. 车床　　　　　　　B. 钳台　　　　　　　C. 台虎钳　　　　　　D. 砂轮机

16. 用于加工小型工件上的各种小孔选用（　　）。
    A. 磨床　　　　　　　B. 台式钻床　　　　　C. 立式钻床　　　　　D. 摇臂钻床

17. 用于一些笨重的大工件以及多孔工件的加工选用（　　）。
    A. 磨床　　　　　　　B. 台式钻床　　　　　C. 立式钻床　　　　　D. 摇臂钻床

18. 工件需钻小型孔，且加工场地无电源宜选用（　　）。
    A. 台式钻床　　　　　B. 立式钻床　　　　　C. 手电钻　　　　　　D. 摇臂钻床

（四）简答题

19. 简述台虎钳的使用方法及保养。

20. 简述砂轮机的使用方法及保养。

21. 简述钳工的安全文明操作规程。

任务评价

评价表

序号	考核项目	配分/分	评分标准	得分/分
（一）	填空题	34	每空答对得 2 分	
（二）	判断题	20	每小题答对得 4 分	
（三）	单项选择题	16	每小题答对得 4 分	
（四）	简答题	30	每小题 10 分,视答题情况给分	
	总分	100	合计	

任务二 常用量具

任务目标

①了解常用量具的类型及长度单位基准。
②掌握游标卡尺、外径千分尺、百分表及万能角度尺的选用与维护方法。
③培养严谨认真的工作态度。

任务实施

（一）钢直尺（GB/T 9056—1988）

1. 钢直尺的构造及作用

钢直尺是一种简单的量具。如图 5-15 所示,A 面以毫米（mm）为单位,B 面以英寸（in）为单位。钢直尺的规格按其标称长度有 150,300,500,（600）,1 000,1 500,2 000 mm,测量精度一般只能达到 0.2～0.5 mm。

钢直尺可用来量取尺寸,测量工件的长度、宽度、高度和深度及划直线。

2. 钢直尺的使用注意事项及长度单位基准

钢直尺的使用注意事项:

①尽量使待测物贴近钢直尺的刻度线。读数时,视线要垂直于钢直尺。

②一般不要用钢直尺的端点作为测量的起点,因为端边易磨损而给测量带来

图 5-15　钢直尺

误差。

③钢直尺的刻度可能不够均匀,在测量时要选取不同起点进行多次测量,然后取平均值。

④钢直尺读数时可以准确读到 1 mm 位,1 mm 位以下的 0.1 mm 位则凭眼睛估读。

长度单位基准为米(m)。1983 年第 17 届国际计量大会第 3 次定义"米"为:"光在真空中 1/299 792 458 s 的时间间隔内所行进的路程长度"。常用的长度单位名称和代号见表 5-1。

表 5-1　常用长度单位的名称和代号

单位名称	米	分米	厘米	毫米	丝米	忽米	微米
代号	m	dm	cm	mm	dmm	cmm	μm
对单位基准的比	基准单位	10^{-1}m	10^{-2}m	10^{-3}m	10^{-4}m	10^{-5}m	10^{-6}m

注:丝米和忽米不是法定计量单位,仅在工厂中采用,其中忽米在工厂中又称"丝"。

职业与生活实践

①学校钳工实训室钢直尺的规格。

②查阅资料,1 nm 等于多少 m?

(二)游标卡尺(JJG 30—2012)

1. 游标卡尺的构造、规格及作用

游标卡尺是一种中等精度的测量工具,在工厂里面广泛使用。游标卡尺由内测量爪、外测量爪、尺身(也叫主尺)、紧固螺钉、游标尺(也叫副尺)和深度尺等构成,如图 5-16 所示。游标卡尺按其测量精度有 1/10 mm(0.10),1/20 mm(0.05)和 1/50 mm(0.02)三种,游标卡尺按测量范围分为:0～125 mm,0～200 mm,0～300 mm 和 0～500 mm 等。

利用外测量爪可以测量工件的厚度和管子的外径,利用内测量爪可以测量槽的宽度和管的内径,深度尺与游标尺连在一起,可以测量槽和筒的深度,如图 5-17 所示。

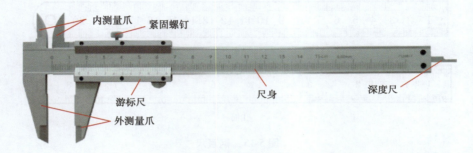

图 5-16　游标卡尺的结构

（a）测量工件外径　　　（b）测量工件内径　　　（c）测量工件深度

图 5-17　游标卡尺的测量应用

2.五十分度游标卡尺的原理

当游标卡尺上的两个量爪合拢时,游标尺上的 50 格刚好与主尺上的 49 mm 对正,如图 5-18 所示。主尺上每一个小格是 1 mm,则游标尺上每一个小格是 49 mm/50 =0.98 mm。

图 5-18　五十分度游标卡尺的原理

因此,主尺与游标尺每格之差为:1 − 0.98 = 0.02(mm)。此差值即为 1/50 mm 游标卡尺的测量精度。

若一个物体 0.02 mm 厚,则会出现游标卡尺游标尺上的第一条刻线与主尺上的第一条刻线对齐的情况。

若一个物体 0.04 mm 厚,则会出现游标卡尺游标尺上的第二条刻线与主尺上的第二条刻线对齐的情况。以此类推。

3.游标卡尺的使用

游标卡尺的使用步骤如下(以五十分度为例):

①清洁待测工件。

②清洁游标卡尺,检查游标卡尺的两个测量面和测量刃口是否平直无损。

③游标卡尺零点校正:当量爪密切结合后,游标卡尺主尺和游标尺的零点必须对齐,否则应维修。

④用游标卡尺测量工件。

⑤游标卡尺的读数:

a.读出游标尺零线左边与主尺相邻的第一条刻线的整毫米数,为所测尺寸的整数值。

b.读出游标尺上与主尺刻线对齐的那一条刻线所表示的数值,为所测尺寸的小数值。

c.把整毫米数和毫米小数加起来,即为所测零件的尺寸数值。

图 5-19 所示游标卡尺的读数为 3.28 mm。

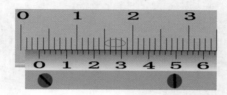

图 5-19 游标卡尺读数练习

⑥清洁游标卡尺,放入工具箱。

👆职场健康与安全

①游标卡尺读数技巧:找到一处几乎 3 条线都对齐的地方,为了不多读也不少读,读中间那条线即可,如图 5-19 所示。

②游标卡尺要轻拿轻放,不得碰撞或跌落地下。

③游标卡尺读数时要在光线好的地方,并使人的视线尽可能和游标卡尺的刻线表面垂直,以免造成读数误差。

(三)外径千分尺

1.外径千分尺的结构及种类

外径千分尺是一种精密量具,它的测量精度比游标卡尺高。外径千分尺主要由尺架、砧座、测微螺杆、固定套管、活动套管、微调和偏心锁紧手柄等组成,如图 5-20 所示。

外径千分尺按测量范围分有 0～25 mm、25～50 mm、50～75 mm、75～100 mm 等多种规格,如图 5-21 所示的外径千分尺为 0～25 mm、25～50 mm 和 50～75 mm。

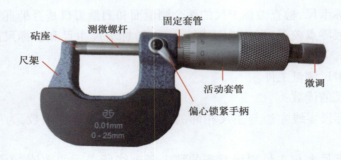

图 5-20　外径千分尺的结构

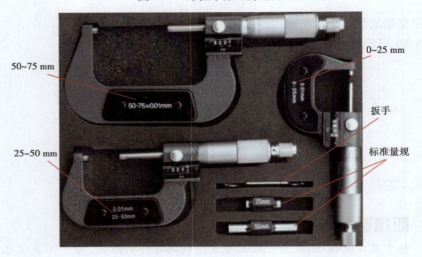

图 5-21　0～25 mm、25～50 mm 和 50～75 mm 的外径千分尺

2. 外径千分尺的原理

外径千分尺测微螺杆的螺距是 0.50 mm，活动套管上共刻有 50 条刻线，测微螺杆与活动套管连在一起，如图 5-22 所示。当活动套管转 50 格（1 周）时，测微螺杆也转 1 周并移动 0.50 mm。因此，当活动套管转 1 格时，测微螺杆移动 0.50 mm/50 = 0.01 mm，外径千分尺可准确到 0.01 mm。由于还能再估读一位，可读到毫米的千分位。

图 5-22　外径千分尺的原理

3. 外径千分尺的使用

外径千分尺的使用步骤如下（以不估读为例）：

①清洁待测工件。

②根据待测工件的尺寸选用相应规格的外径千分尺,并清洁和检查选用的千分尺。

③外径千分尺零点校正:清理外径千分尺测定面,将标准量规(0~25 mm 无标准量规)夹在砧座和测微螺杆之间,慢慢转动微调,当微调发出 2~3 次"咔咔"声后,即能产生正确的测定压力。此时,活动套管前端面应在固定套管的"0"刻线位置,且活动套管上的"0"刻线要与固定套管的基准线对齐,如图 5-23 所示。若两者中有一个"0"刻线不能对齐,则该外径千分尺有误差,应检查调整后才能继续测量。

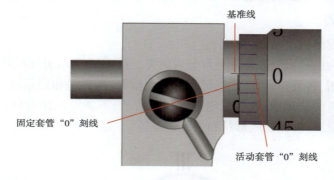

图 5-23　外径千分尺的零点校正

④用外径千分尺测量工件。

⑤外径千分尺的读数:

a.先读出活动套管边缘在固定套管上的毫米数和半毫米数。

b.再根据活动套管上与固定套管上的基准线对齐的刻度,读出活动套管上不足半毫米的数值。

c.最后将两个读数加起来,其和即为测得的实际尺寸值。

图 5-24(a)所示外径千分尺的读数为 5.28 mm;图 5-24(b)所示外径千分尺的读数为 5.61 mm。

⑥清洁外径千分尺,放进包装盒。

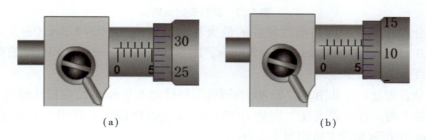

(a)　　　　　　　　　　　　(b)

图 5-24　外径千分尺读数练习

职场健康与安全

外径千分尺读数过程中,注意不要多读或少读0.50 mm。

职业与生活实践

①测量全班同学头发的粗细,并统计出人头发粗细的范围。
②测量一页书纸张的厚度。

(四)百分表

1. 百分表的结构及类型

百分表分为内径百分表和外径百分表两类。图5-25所示为外径百分表,它主要由表盘、表圈、挡帽、转数指示盘、主指针、小指针、轴管、测量头和测量杆等组成。百分表是一种精度较高的比较量具,它只能测出相对数值,不能测出绝对值。主要用于检验机床精度和测量工件的尺寸、形状和位置误差等。

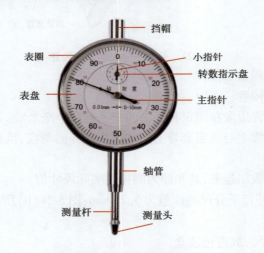

图5-25　百分表的结构

百分表的测量范围是指测量杆的最大移动量,一般为0 ~ 3 mm、0 ~ 5 mm、0 ~ 10 mm、0 ~ 20 mm、0 ~ 30 mm和0 ~ 50 mm。图5-26所示为一个0 ~ 30 mm的百分表。

2. 百分表的工作原理

百分表表盘刻度如图5-27所示,当测量头每移动1.0 mm时,主指针偏转1周,小指针偏转1格。百分表表盘1周分为100格,即主指针偏转1格相当于测量头移动0.01 mm,小指针偏转1格相当于1 mm。

图 5-26　0～30 mm 的百分表

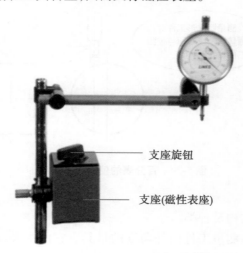

图 5-27　百分表的刻度

3. 百分表的使用

百分表要安装在支座上才能使用,如图 5-28 所示。在支座内部设有磁铁,旋转支座上的旋钮使表座吸附在工具台上,因而又称磁性表座。

支座旋钮

支座(磁性表座)

图 5-28　磁性表座安装百分表

百分表的使用步骤:

①清洁待测工件并安装好。

②清洁、检查百分表及磁性表座。

③安装磁性表座。

④将百分表安装到磁性表座上。

⑤百分表校对零位：百分表预压缩量为 2.0 mm 左右，旋转表圈，使表盘"0"对准主指针，然后锁紧调整螺母。

⑥用百分表测量工件。

⑦读取数据：测量时，应记住主指针和小指针的起始值，待测量后所测取值要减去起始值。可以估读，估读到千分位。

⑧拆分清洁百分表及磁性表座。

👆 职场健康与安全

①百分表使用过程中一定要保证预压缩量，读数时注意减去主指针和小指针的起始值。

②百分表的使用注意事项如图 5-29 所示。

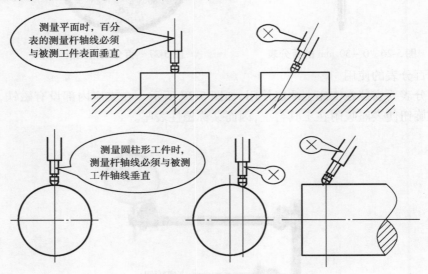

测量平面时，百分表的测量杆轴线必须与被测工件表面垂直

测量圆柱形工件时，测量杆轴线必须与被测工件轴线垂直

图 5-29　百分表的使用注意事项

（五）万能角度尺

1.万能角度尺的结构及种类

万能角度尺是用来测量工件内外角度的量具。它由主尺、游标、扇形板、直尺、支架和 90°角尺等组成，如图 5-30 所示。

万能角度尺按游标的分度值分为 2′和 5′两种。图 5-30 所示为 2′的万能角度尺，其测量范围为 0°～320°。

2.万能角度尺的刻线原理

图 5-31 所示的万能角度尺，主尺刻线每格 1°，游标每格刻线的角度是 58′，游标每格与主尺每格相差 2′，即万能角度尺的分度值为 2′。

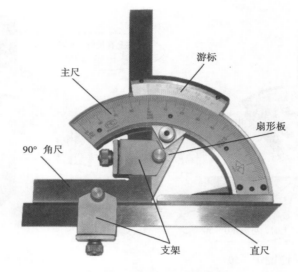

图 5-30　万能角度尺的构造

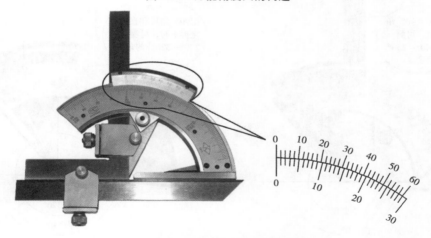

图 5-31　万能角度尺的刻线原理

3. 万能角度尺的读数方法

①读出游标零线前的整度数。

②从游标上读出角度"分"的数值。

③把整度数和"分"数值相加,即为被测工件的角度数值。

4. 万能角度尺的使用方法

万能角度尺的90°角尺和直尺可以移动和拆换,因此它可以测量0°~320°的任何角度,如图5-32所示。

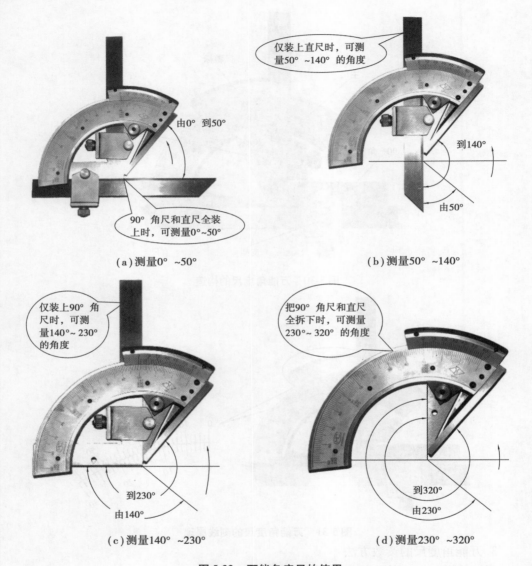

仅装上直尺时，可测
量50°~140°的角度

由0°到50°

到140°

由50°

90°角尺和直尺全装
上时，可测量0°~50°

（a）测量0°~50°

（b）测量50°~140°

仅装上90°角
尺时，可测
量140°~230°
的角度

把90°角尺和直尺
全拆下时，可测量
230°~320°的角度

到230°

由140°

到320°

由230°

（c）测量140°~230°

（d）测量230°~320°

图5-32　万能角度尺的使用

👆**职场健康与安全**

①万能角度尺主尺上的刻线只有0°~90°，所以，当测量大于90°的角度时，读数应加上一个数值90°；测量大于180°的角度时，应加上180°；测量大于270°的角度时，应加上270°。

②使用完毕后，要及时将各处清理干净，涂油后存放在专用包装盒中，要保持干燥，以免生锈。

职业与生活实践

在万能角度尺上分别调出如下角度：

48°36′　　　　111°18′　　　　200°06′　　　　311°42′

任务检测

（一）填空题

1. 长度单位基准为＿＿＿＿＿＿＿。

2. 游标卡尺由内测量爪、＿＿＿＿＿＿、尺身、紧固螺钉、＿＿＿＿＿＿和深度尺等构成。

3. 外径千分尺主要由尺架、砧座、＿＿＿＿＿＿、固定套管、活动套管、＿＿＿＿＿＿和偏心锁紧手柄等组成。

4. 外径千分尺测微螺杆的螺距是＿＿＿＿＿＿mm，当活动套管转 1 格时，测微螺杆移动＿＿＿＿＿＿mm。

5. 百分表分为＿＿＿＿＿＿百分表和＿＿＿＿＿＿百分表两类。

6. 百分表是一种精度较高的比较量具，它只能测出＿＿＿＿＿＿，不能测出＿＿＿＿＿＿。

7. 百分表主指针偏转 1 格相当于测量头移动＿＿＿＿＿＿mm。

8. 万能角度尺是用来测量工件＿＿＿＿＿＿的量具。

9. 万能角度尺按游标的分度值分为＿＿＿＿＿＿和＿＿＿＿＿＿两种。

（二）判断题

10. 用五十分度游标卡尺测量工件，读数值的最后一位可能为奇数。　　　　（　　）

11. 外径千分尺的测量精度比游标卡尺高。　　　　（　　）

12. 百分表使用过程中可以不预压缩。　　　　（　　）

13. 万能角度尺的测量范围为 0°～360°。　　　　（　　）

（三）单项选择题

14. 钢直尺可用来测量工件的长度、宽度、高度、深度及（　　）。

　　A. 测量直线度　　　B. 测量角度　　　C. 画圆　　　D. 划直线

15. 游标卡尺没有的精度是（　　）。

　　A. 0.01 mm　　　B. 0.02 mm　　　C. 0.05 mm　　　D. 0.10 mm

16. 游标卡尺外测量爪用来测量（　　）。

　　A. 内径　　　B. 外径　　　C. 深度　　　D. 槽宽

17. 百分表主指针偏转 1 周，小指针偏转（　　）格。

　　A. 1 格　　　B. 2 格　　　C. 3 格　　　D. 4 格

（四）计算题

18. 读出题 18 图所示游标卡尺（0.02mm）和外径千分尺的读数。

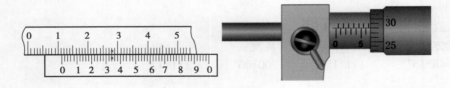

题 18 图

任务评价

评价表

序号	考核项目	配分/分	评分标准	得分/分
（一）	填空题	30	每空答对得 2 分	
（二）	判断题	20	每小题答对得 5 分	
（三）	单项选择题	20	每小题答对得 5 分	
（四）	计算题	30	每小题答对得 15 分	
	总分	100	合计	

任务三　划　　线

任务目标

①了解划线的种类。
②熟悉划线的工具及其使用方法。
③掌握基本线条的划法，能进行一般零件的平面及立体划线。
④劳动教育。

任务实施

（一）划线的作用及种类

划线是根据图样或实物的尺寸要求，用划线工具在毛坯或半成品上划出待加工部位的轮廓线或点的操作方法。划线的精度一般为 0.25 ~ 0.5 mm。

划线有以下作用：

①确定工件上各加工面的加工位置和加工余量。

②可全面检查毛坯的形状和尺寸是否满足加工要求，及早发现不合格品，避免造成后续加工工时的浪费。

③当在坯料上出现某些缺陷的情况下，可通过划线的"借料"方法，起到一定的补救作用。

④在板料上划线下料，可做到正确排料，使材料合理使用。

划线有两种：

①平面划线：只在工件某一个表面内划线，它与平面作图类似，如图5-33（a）所示。

②立体划线：在工件的不同表面（通常是相互垂直的表面）内划线，如图5-33（b）所示。

（a）　　　　　　　　　　　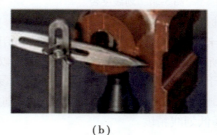
（b）

图5-33　划线种类

对划线的要求：线条清晰均匀，定形、定位尺寸准确。

划线是一项复杂、细致的重要工作，如果将线划错，就会造成加工工件的报废。但工件的完工尺寸不能完全由划线确定，而应在加工过程中通过测量来保证尺寸的准确性。

（二）常用划线工具及其使用

划线工具按用途不同可分为基准工具、量具、支承装夹工具和直接划线工具等，下面1为基准工具、2—4为量具、5—7为支承装夹工具、8—11为直接划线工具。

1.划线平台

划线平台又称划线平板，是用来安放工件和划线工具，并在其工作面上完成划线过程的基准工具，如图5-34所示。划线平台的材料一般为铸铁。划线平台使用时要注意：

①安放时，要平稳牢固，上平面应保持水平。

②平板不准碰撞和用锤敲击，以免使其精度降低。

③要经常保持工作面清洁，防止铁屑、砂粒等划伤平台表面。

④平台工作面要均匀使用，以免局部磨损。

⑤长期不用时，应涂油防锈，并加盖保护罩。

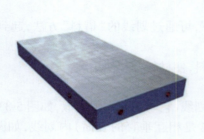

图 5-34　划线平台

图 5-35　高度游标卡尺

2. 高度游标卡尺

高度游标卡尺是精密的量具及划线工具,可用来测量高度尺寸,其量爪可直接划线,如图 5-35 所示。高度游标卡尺使用时要注意以下两点:

①一般用于半成品上划线,若在毛坯上划线,易损坏其硬质合金的划线脚。

②使用时,应使量爪垂直于工件表面并一次划出,而不能用量爪的两侧尖划线,以免侧尖磨损,降低划线精度。

3. 90°角尺

90°角尺在钳工中应用很广,可作为划垂直线及平行线的导向工具,还可找正工件在划线平台上的垂直位置,并可检查两垂直面的垂直度或单个平面的平面度,如图 5-36所示。

4. 钢直尺

钢直尺是一种简单的测量工具和划直线的导向工具,在尺面上刻有尺寸刻线,最小刻线间距为 0.5 mm,如图 5-37 所示。

图 5-36　90°角尺

图 5-37　钢直尺

5. V 形铁

V 形铁主要用于安放轴、套筒等圆形工件,以确定中心并划出中心线,如图 5-38 所示。V 形铁常用铸铁或碳钢制成,工作面为 V 形槽,两侧面互成 90°或 120°夹角。成对的 V 形铁必须成对加工,且不可单个使用,以免单个磨损后产生两者的高度尺寸误差。

6. 方箱

方箱是铸铁制成的空心立方体,各相邻的两个面均互相垂直,如图 5-39 所示。方箱用于夹持、支承尺寸较小而加工面较多的工件。通过翻转方箱,便可在工件的表面上划出互相垂直的线条。

7. 千斤顶

千斤顶是在平板上支承较大及不规则工件时使用,其高度可以调整,如图 5-40 所示,通常用三个千斤顶支承工件。

图 5-38　V 形铁　　　　图 5-39　方箱　　　　图 5-40　千斤顶

8. 划针

划针是在工件表面上划线用的工具,常用的划针用高速钢或弹簧钢制成,有的划针在其尖端部位焊有硬质合金,如图 5-41 所示。划针使用注意事项:

①划线时,针尖要紧靠导向工具的边缘,上部向外侧倾斜 15°~20° 的同时,向划线移动方向倾斜 45°~75°。

②针尖要保持锋利,划线要尽量一次完成。

③划线时,用力大小要均匀。水平线应自左向右划,竖直线自上往下划,倾斜线的走向趋势是自左下向右上方划,或自左上向右下划。

图 5-41　划针及其使用

9. 划线盘

划线盘主要用于立体划线和找正工件的位置。它由底座、立杆、划针和锁紧装置等组成,如图 5-42 所示。一般情况下,划针的直头用于划线,弯头用于找正工件位置。划线盘使用注意事项如下:

①划线时,划针应尽量处在水平位置,伸出部分应尽量短些。

②划线盘移动时,底面始终要与划线平台表面贴紧。

③划针沿划线方向与工件划线表面之间保持45°~75°。

④划线盘用完后,应使划针处于直立状态。

10. 划规

划规是用于划圆或弧线、等分线段及量取尺寸等的工具,如图5-43所示。它的用法与制图的圆规相似。划规使用注意事项如下:

①划规脚应保持锋利,以保证划出的线条清晰。

②用划规划圆时,作为旋转中心的一脚应加较大的压力,另一脚以较轻的压力在工件表面上划出圆或圆弧。

11. 样冲

样冲用于在工件划线上打出样冲眼,以防所划线模糊后仍能找到原划线的位置,如图5-44所示。在划圆和钻孔前,应在其中心打样冲眼,以便定心。样冲使用注意事项如下:

①冲眼时,先将样冲外倾使其尖端对准线的中心点,然后再将样冲立直,冲点。

②冲眼应打在线宽之间,且间距要均匀。在曲线上冲点时,两点间的距离要小些;在直线上冲点时,距离可大些,但短直线至少有三个冲点,在线条交叉、转折处必须冲点。

③冲眼的深浅要适当。薄工件或光滑表面冲眼要浅,孔的中心或粗糙表面冲眼要深一些。

图5-42　划线盘　　　　　　图5-43　划规　　　　　　图5-44　样冲

(三)划线基准的确定

基准就是工件上用来确定尺寸大小和位置关系所依据的一些点、线和面。在工件划线时,所选用的基准为划线基准。在设计图样上,采用的基准为设计基准。在选用划线基准时,应尽可能使划线基准与设计基准一致。若工件上个别平面已加工过,则以加工过的平面为划线基准;若工件为毛坯,常选用重要孔的中心线为划线基准;若毛坯上无重要孔,则选较平整的大平面为划线基准。常见的划线基准有三种类型:

①以两个相互垂直的平面(或直线)为基准,如图5-45(a)所示。

②以一个平面与对称平面(或直线)为基准,如图5-45(b)所示。

③以两个互相垂直的中心平面(或直线)为基准,如图5-45(c)所示。

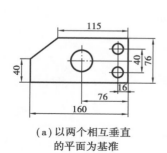

（a）以两个相互垂直
的平面为基准

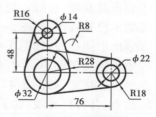

（b）以一个平面与对称
平面为基准

（c）以两个互相垂直的
中心平面为基准

图 5-45　划线基准的种类

（四）划线操作要点

1. 找正与借料

找正就是利用划线工具使工件的有关表面处于合适的位置,将此表面作为划线时的依据。

借料就是通过试划和调整,重新分配各个待加工面的加工余量,使各个待加工面都能顺利加工。借料是一种补救性的划线方法。

2. 划线前的准备工作

①工件准备。包括工件的清理、检查和表面涂色。

②工具准备。按工件图样的要求,选择所需工具,并检查和校验工具。

3. 划线时的注意事项

①看懂图样,了解零件的作用,分析零件的加工顺序和加工方法。

②工件夹持或支承要稳妥,以防滑倒或移动。

③在一次支承中应将要划出的平行线全部划完,以免再次支承补划,造成误差。

④正确使用划线工具,划出的线条要准确、清晰。

⑤划线完成后,要反复核对尺寸,才能进行机械加工。

钳工实训课题一:

完成图 5-46 所示的划线练习。

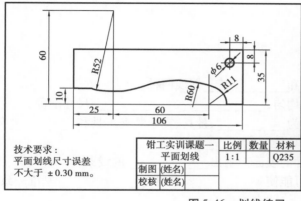

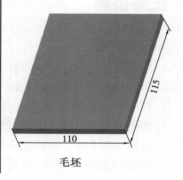

毛坯

技术要求:
平面划线尺寸误差
不大于 ± 0.30 mm。

钳工实训课题一 平面划线	比例	数量	材料
	1:1		Q235
制图 (姓名)			
校核 (姓名)			

图 5-46　划线练习

划线参考步骤,如图 5-47 所示。

①划出基准线,在圆心处打样冲眼,如图 5-47(a)所示。

②划出已知线段,如图 5-47(b)所示。

③划出中间线段,如图 5-47(c)所示。

④划出连接弧圆心,并打样冲眼,如图 5-47(d)所示。

⑤划出连接弧,如图 5-47(e)所示。

⑥检查,并打样冲眼,如图 5-47(f)所示。

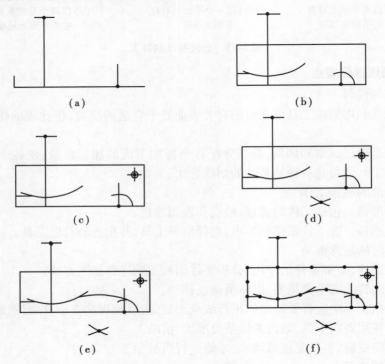

图 5-47　划线参考步骤

任务检测

(一)填空题

1.划线分_____划线和_____划线两种。

2.对划线的要求是线条清晰均匀,_____、_____尺寸准确。

3.划线工具按用途不同可分为_____、量具、支承装夹工具和_____等。

4.高度游标卡尺是精密的量具及_____工具。

5.方箱通过翻转,便可在工件的表面上划出_____的线条。

6.在选用划线基准时,应尽可能使_____基准与_____基准一致。

(二)判断题

7. 划线可分为平面划线和曲面划线两种。　　　　　　　　　　　　　　（　　　）

8. 划线平台上可用锤敲击。　　　　　　　　　　　　　　　　　　　　（　　　）

9. 工件划线时,在一次支承中需要划出的平行线没有划完,再次支承补划也不会
造成误差。　　　　　　　　　　　　　　　　　　　　　　　　　　　（　　　）

10. 借料是一种补救性的划线方法。　　　　　　　　　　　　　　　　　（　　　）

(三)单项选择题

11. 以下划线工具属于基准工具的是(　　　)。

  A. 划线平台　　　　　　B. 千斤顶　　　　　　C. 划线盘　　　　　　D. 划针

12. 立体划线时,通常要确定相互垂直的划线基准个数是(　　　)。

  A. 1 个　　　　　　　　B. 2 个　　　　　　　C. 3 个　　　　　　　D. 4 个

13. 90°角尺可作为划线的导向工具,还可检查两垂直面的垂直度或单个平面的(　　　)。

  A. 倾斜度　　　　　　　B. 平面度　　　　　　C. 垂直度　　　　　　D. 重合度

14. 千斤顶在平板上支承较大工件或不规则工件时,需要千斤顶的个数是(　　　)。

  A. 1 个　　　　　　　　B. 2 个　　　　　　　C. 3 个　　　　　　　D. 4 个

15. 工件的不同表面上(通常是相互垂直的表面)划线称为(　　　)。

  A. 找正　　　　　　　　B. 借料　　　　　　　C. 平面划线　　　　　D. 立体划线

16. 用于划圆或弧线的工具是(　　　)。

  A. 样冲　　　　　　　　B. 划规　　　　　　　C. 划线盘　　　　　　D. 划针

17. 短直线上冲点至少要有(　　　)。

  A. 4 个　　　　　　　　B. 3 个　　　　　　　C. 2 个　　　　　　　D. 1 个

(四)按要求做题(钳工实训课题二)

18. 完成题 18 图所示棒料表面的划线。

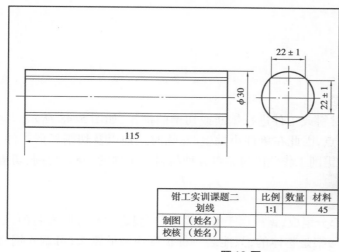

钳工实训课题二 划线		比例	数量	材料
		1:1		45
制图	(姓名)			
校核	(姓名)			

毛坯

题 18 图

任务评价

评价表

序号	考核项目	配分/分	评分标准	得分/分
(一)	填空题	20	每空答对得 2 分	
(二)	判断题	20	每小题答对得 5 分	
(三)	单项选择题	35	每小题答对得 5 分	
(四)	按要求做题	25	划线清晰均匀,定形、定位尺寸准确	
总分		100	合计	

任务四　锯　削

任务目标

①会使用手锯。
②掌握锯削板料、棒料及管料的方法和要领。
③系好人生的第一颗扣子。

任务实施

(一)锯削工具

1. 锯削概念及工作范围

锯削就是利用手锯对材料或工件进行锯断或切槽的操作,如图 5-48 所示。锯削具有方便、简单和灵活的特点,因此在单件小批生产、临时工地以及切割异形工件、开槽、修整等场合应用较广。锯削工作范围包括对各种材料或工件的切断、切割、切槽和锯掉多余的部分。

2. 手锯的构造

手锯由锯弓和锯条两部分组成,锯弓用于安装锯条,有固定式和可调式两种,如图 5-49 所示。固定式锯弓的弓架是整体的,只能装一种长度规格的锯条;可调式锯弓的弓架分成前后两段,由于前段在后段套内可以伸缩,因此可以安装几种长度规格的锯条,故目前广泛使用的是可调式。

图 5-48　锯削

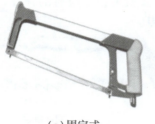

（a）固定式

（b）可调式

图 5-49　手锯的构造

3. 锯条的规格及切削部分的角度

锯条是用碳素工具钢或合金工具钢,并经热处理制成。锯条的规格以两端安装孔的中心距来表示,如图 5-50 所示。钳工常用的锯条规格是 300 mm。其宽度为 10 ~ 25 mm,厚度为 0.6 ~ 1.25 mm。

中心距

图 5-50　锯条的规格

根据锯条的牙距大小或 25.4 mm（1 in）内不同的锯齿数,锯条可分为粗齿、中齿和细齿三类。锯齿的规格及应用见表 5-2。

表 5-2　锯齿的规格及应用

锯齿粗细	每 25.4 mm 内的锯齿数（牙距大小）	应用
粗	14 ~ 18（1.8 mm）	锯割软材料（铜、铝合金等）及厚材料
中	19 ~ 23（1.4 mm）	锯割钢、铸铁等中硬材料
细	24 ~ 32（1.1 mm）	锯割硬材料或薄板、管子

锯条的切削部分由许多锯齿组成,每个锯齿相当于一把錾子,如图 5-51 所示。常用锯条的前角 $\gamma_0 = 0°$、后角 $\alpha_0 = 40°$、楔角 $\beta_0 = 50°$。

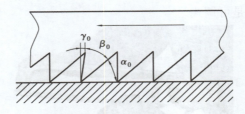

图 5-51　锯齿的切削角度

4. 锯条的安装

手锯是向前推时进行切割,在向后返回时不起切削作用,因此在安装锯条时应齿尖向前,如图 5-52(a)所示。锯条的松紧要适当,太紧失去了应有的弹性,锯条容易崩断;太松会使锯条扭曲,锯缝歪斜,锯条也容易崩断。

（a）正确　　　　　　　　　　　　　　（b）错误

图 5-52　锯条的安装

(二)锯削动作要领

1. 手锯的握法

握手锯时,右手满握手柄,左手轻扶在锯弓前端,如图 5-53 所示。

2. 锯削姿势及运动

锯削时,手握锯弓要舒展自然,右手握住手柄向前施加压力,左手轻扶在弓架前端稍加压力。人体重量均布在两腿上,如图 5-54 所示。锯割时速度不宜过快,以每分钟 20～40 次为宜,并应用锯条全长的 2/3 工作,以免锯条中间部分迅速磨钝。

图 5-53　手锯的握法

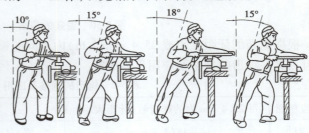

图 5-54　锯削姿势

推锯时,锯弓运动方式有两种:一种是直线运动,适用于锯缝底面要求平直的槽和薄壁工件的锯割,如图 5-55(a)所示;另一种锯弓上下摆动式运动,这样操作自然,两手不易疲劳,如图 5-55(b)所示。锯割到材料快断时,用力要轻,以防碰伤手臂或折断锯条。

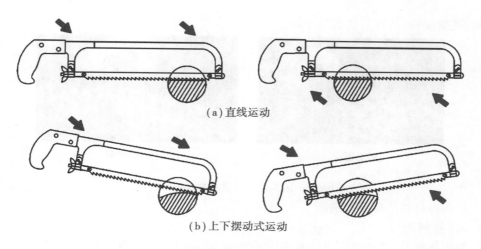

(a) 直线运动

(b) 上下摆动式运动

图 5-55　锯弓运动方式

3. 锯路

锯条的锯齿按一定形状左右错开,排列成一定的形状称为锯路。锯路有交叉、波浪等不同排列形状,如图 5-56 所示。锯路的作用是使锯缝宽度大于锯条背部的厚度,防止锯割时锯条卡在锯缝中,并减少锯条与锯缝的摩擦阻力,使排屑顺利,锯割省力,同时延长锯条的使用寿命。

图 5-56　锯齿的排列

(三) 锯削方法

1. 工件的夹持

工件的夹持要牢固,不可抖动,以防锯割时工件移动而使锯条折断。同时,也要防止夹坏已加工表面和工件变形。工件尽可能夹持在台虎钳的左面,以方便操作。锯割线应与钳口垂直,以防锯斜;锯割线离钳口不应太远,以防锯割时产生抖动。

2. 起锯

起锯的方式有远起锯和近起锯两种,如图 5-57 所示。一般情况采用远起锯,因为此时锯齿是逐步切入材料,不易卡住,起锯比较方便。起锯角以 15° 左右为宜。为了起锯的位置正确和平稳,可用左手大拇指挡住锯条来定位。起锯时,压力要小,往返行程要短,速度要慢,这样可使起锯平稳。

（a）远起锯　　　　　　　　　　　（b）近起锯

图 5-57　起锯的方式

3. 各种材料的锯削方法

（1）棒料

锯削棒料时,若要求锯出的断面比较平整,就采用一次起锯,即从一个方向起锯直到结束,如图 5-58（a）所示。若对断面的要求不高,可采用多次起锯,即在锯入一定深度后再将棒料转过一定角度重新起锯,如此反复最后锯断,如图 5-58（b）所示。

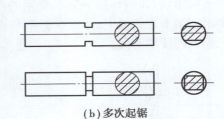

（a）一次起锯　　　　　　　　　　　（b）多次起锯

图 5-58　棒料的锯削

（2）管子

锯割圆管时,一般把圆管水平地夹持在台虎钳内,对薄管或精加工过的管子,应夹在木垫之间。锯割管子不宜从一个方向锯到底,应该锯到管子内壁时停止,然后把管子向推锯方向旋转,仍按原有锯缝锯下去,这样不断转锯,直到锯断,这种锯削方法称为转位锯削,如图 5-59 所示。

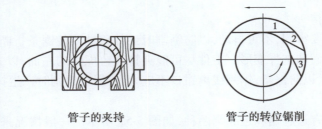

管子的夹持　　　　　　　　　　　管子的转位锯削

图 5-59　管子的锯削

（3）薄板料

锯割薄板时，为了防止工件产生振动和变形，可用木板夹住薄板两侧进行锯割，如图 5-60 所示。

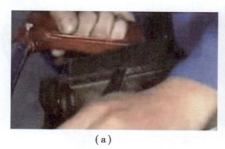 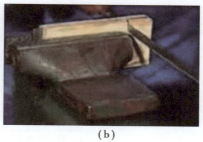

（a）　　　　　　　　　　（b）

图 5-60　薄板料的锯削

（4）深缝锯削

当锯缝的深度超过锯弓高度时，为防止锯弓与工件相撞，应在锯弓快要碰到工件时，将锯条拆出并转动 90° 重新安装，或把锯条的锯齿朝向锯弓背，再进行锯削，如图 5-61 所示。

（a）正常锯削　　　　　（b）转 90° 安装锯条　　　　　（c）转 180° 安装锯条

图 5-61　深缝锯削

 职场健康与安全

①锯削前，要检查锯条的装夹方向和松紧程度。

②锯削时，压力不可过大，速度不宜过快，以免锯条折断伤人。

③锯削将完成时，用力不可太大，并需用左手扶住被锯下的部分，以免该部分落下时砸脚。

钳工实训课题三：

完成图 5-62 所示的锯削练习。

锯削参考步骤，如图 5-63 所示。

①锯去一面作基准面，平面度 0.80 mm 达到要求，如图 5-63（a）所示。

②锯基准面对面，平面度 0.80 mm、平行度 0.80 mm 达到要求，如图 5-63（b）所示。

③锯基准面一侧面，平面度 0.80 mm、垂直度误差 0.80 mm 达到要求，如图 5-63（c）所示。

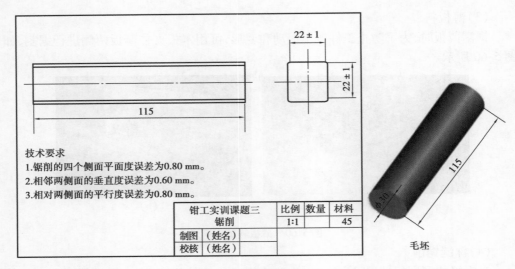

图 5-62　锯削

④锯基准面另一侧面,平面度 0.80 mm、垂直度误差 0.60 mm、平行度 0.80 mm 达到要求,如图 5-63(d)所示。

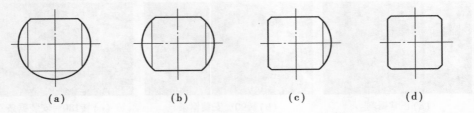

(a)　　　　　　(b)　　　　　　(c)　　　　　　(d)

图 5-63　锯削参考步骤

任务检测

(一)填空题

1. 锯削就是利用手锯对材料或工件进行＿＿＿＿＿＿或切槽的操作。

2. 手锯由＿＿＿＿＿＿和＿＿＿＿＿＿两部分组成,有＿＿＿＿＿＿和＿＿＿＿＿＿两种。

3. 锯条的规格以两端安装孔的＿＿＿＿＿＿来表示。

4. 起锯是锯削工作的开始,起锯分＿＿＿＿＿＿和＿＿＿＿＿＿两种。

5. 锯条安装时齿尖应＿＿＿＿＿＿,此时的前角为＿＿＿＿＿＿。

6. 推锯时,锯弓运动方式有两种:一种是锯弓＿＿＿＿＿＿运动,另一种锯弓＿＿＿＿＿＿运动。

（二）判断题

7.锯割软材料及厚材料选用粗齿锯条。　　　　　　　　　　　　　　（　　）

8.使用手锯向前推和返回时都有切削作用,因此锯条安装没有方向性。（　　）

9.锯条安装越紧越好。　　　　　　　　　　　　　　　　　　　　　（　　）

10.锯路的作用是使锯缝宽度大于锯条背的厚度,防止锯削时锯条卡在锯缝中。

　　　　　　　　　　　　　　　　　　　　　　　　　　　　　　（　　）

11.锯削时,一般情况采用近起锯。　　　　　　　　　　　　　　　　（　　）

（三）单项选择题

12.锯割硬材料或薄板、管子选用(　　　)。

　　A.粗齿锯条　　　　　B.中齿锯条　　　　　C.细齿锯条　　　　D.任意选

13.锯削棒料时,要求锯出的断面比较平整选用(　　　)。

　　A.一次起锯　　　　　B.多次起锯　　　　　C.远起锯　　　　　D.近起锯

14.锯割圆管时选用(　　　)。

　　A.多次起锯　　　　　B.转位锯削　　　　　C.远起锯　　　　　D.近起锯

任务评价

评价表

序号	考核项目	配分/分	评分标准	得分/分
（一）	填空题	36	每空答对得3分	
（二）	判断题	40	每小题答对得8分	
（三）	单项选择题	24	每小题答对得8分	
	总分	100	合计	

任务五　锉　削

任务目标

①了解锉刀的结构、分类和规格。

②会正确选用常用锉削工具。

③能锉削简单平面立体。

④崇尚精确,遵循规范。

任务实施

（一）锉削工具

1.锉削概念及工作范围

用锉刀对工件表面进行切削加工,使它达到零件图纸要求的形状、尺寸和表面粗糙度,这种加工方法称为锉削,如图 5-64 所示。锉削加工简便,工作范围广,多用于錾削、锯削之后。锉削可对工件上的平面、曲面、内外圆弧、沟槽以及其他复杂表面进行加工,锉削的最高精度可达 IT7—IT8,表面粗糙度可达 $Ra1.6 \sim 0.8~\mu m$。可用于成形样板、模具型腔,以及部件、机器装配时的工件修整,是钳工主要操作方法之一。

图 5-64　锉削

2.锉刀的构造

锉刀常用碳素工具钢 T10,T12 制成,并经热处理淬硬到 HRC62 ~ 67。锉刀由锉刀面、锉刀边和锉刀柄等部分组成,如图 5-65 所示。

锉刀面　　锉刀边　　　　　　锉刀柄

图 5-65　锉刀的构造

3.锉刀的种类

锉刀按用途不同分为钳工锉、异形锉和整形锉三类。

（1）钳工锉

钳工锉又称普通锉,一般需安装木柄后才能使用,用于锉削加工金属零件的各种表面。钳工锉按断面形状的不同,又可分为平锉、半圆锉、圆锉、三角锉和方锉等,如图 5-66 所示。

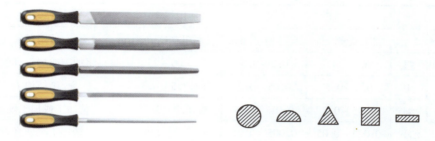

图 5-66　钳工锉

（2）异形锉

异形锉在加工特殊表面时使用，如图 5-67 所示。

图 5-67　异形锉

（3）整形锉

整形锉又称什锦锉，主要用于修整工件上的细小部分，如图 5-68 所示。

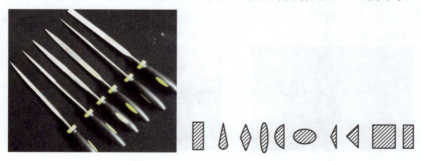

图 5-68　整形锉

4. 锉刀的选用

（1）选择锉齿的粗细

一般根据工件的加工余量、尺寸精度、表面粗糙度和工件的材质来选择锉齿的粗细。材质软选用粗齿锉刀;反之,选用细齿锉刀。锉齿粗细的选用见表 5-3。

表 5-3　锉齿粗细的选用

锉纹号	锉齿	适用场合			
		加工余量/mm	尺寸精度/mm	表面粗糙度 $Ra/\mu m$	适用对象
1	粗	0.5～1	0.2～0.5	100～25	粗加工或加工有色金属
2	中	0.2～0.5	0.05～0.2	12.5～6.3	半精加工
3	细	0.05～0.2	0.01～0.05	6.3～3.2	精加工或加工硬金属
4	油光	0.025～0.05	0.005～0.01	3.2～1.6	精加工时修光表面

（2）决定单双齿纹

锉刀齿纹要根据被锉削工件材料的性质来选用。锉削铝、铜、软钢等软材料时,最好选用单齿纹锉刀。锉削硬材料或精加工工件时,要选用双齿纹锉刀。

（3）选择锉刀的截面形状

根据待加工表面的形状选用锉刀的截面形状。

（4）选择锉刀的规格

根据待加工表面的大小来选用不同规格的锉刀。一般待加工面积大和有较大加工余量的表面,选用长的锉刀;反之,选用短的锉刀。

5. 锉刀的握法

（1）大锉刀的握法（规格在 200 mm 以上）

右手心抵着锉刀木柄的端头,大拇指放在锉刀木柄的上面,其余四指弯在木柄的下面,配合大拇指捏住锉刀木柄,左手则根据锉刀的大小和用力的轻重,可有多种姿势,如图 5-69（a）所示。

（a）大锉刀的握法

（b）中锉刀的握法

（c）小锉刀的握法

（d）更小锉刀的握法

图 5-69　锉刀的握法

（2）中锉刀的握法（规格在 200 mm 左右）

右手握法大致和大锉刀握法相同，左手用大拇指和食指捏住锉刀的前端，如图 5-69（b）所示。

（3）小锉刀的握法（规格在 150 mm 以下）

右手食指伸直，拇指放在锉刀木柄上面，食指靠在锉刀的刀边，左手几个手指压在锉刀中部，如图 5-69（c）所示。

（4）更小锉刀的握法

一般只用右手拿着锉刀，食指放在锉刀上面，拇指放在锉刀的左侧，如图 5-69（d）所示。

6. 锉刀的使用及保养

①新锉刀应先用一面，用钝后再使用另外一面。

②初锉时，尽量使用锉刀的有效长度，避免局部磨损。

③锉刀上不能沾油和沾水。

④锉削过程中，若发现锉纹上嵌有切屑，要用钢丝刷顺着锉纹的纹路进行清除，如图 5-70 所示。

⑤不能用锉刀锉削毛坯件的硬皮或工件的淬硬表面。

⑥不能用锉刀作为装拆、敲击和撬物的工具，防止锉刀因材质较脆而折断。

⑦锉刀用完后，清刷干净切屑，以防生锈。

⑧不论在使用过程中还是放入工具箱，锉刀都不能重叠堆放，如图 5-71 所示。

图 5-70　钢丝刷清除切屑

图 5-71　锉刀不能重叠堆放

（二）锉削方法

1. 锉削姿势

锉削的站立位置、姿势以及锉削动作与锯削基本相同。锉削时应注意，身体的前后摆动应与手臂的往复锉削运动相协调，节奏一致，摆动自然；否则，极易使操作者疲劳。锉削时的速度为 40 次/min 左右。

2. 锉削运动

锉削时，锉刀的平直运动是锉削的关键。锉削的力有水平推力和垂直压力两种。推动主要由右手控制，其大小必须大于锉削阻力才能锉去切屑，压力是由两个手控制的，其作用是使锉齿深入金属表面。由于锉刀两端伸出工件的长度随时都在变化，因此两手压力大小必须随着变化,使两手的压力对工件的力矩相等,这是保证锉刀平直运动的关键。锉刀运动不平直,工件中间就会凸起或产生鼓形面。

3.锉削示例

(1)平面的锉削方法

①交叉锉。锉刀运动方向与工件夹持方向呈30°~40°,如图5-72所示。这种锉削方法,锉纹交叉,锉刀与工件接触面积大,锉刀容易掌握平稳,易锉平,常用于粗加工。

②顺向锉。锉刀运动方向与工件夹持方向始终一致,在每锉完一次返回时,将锉刀横向做适当移动,再做下一次锉削,如图5-73所示。这种锉削方法,锉纹均匀一致、美观,是最基本的一种锉削方法,常用于精加工。

图5-72 交叉锉   图5-73 顺向锉

③推锉。推锉时,双手握在锉刀的两端,左、右手大拇指压在锉刀的窄面上,自然伸直,其余四指向手心弯曲,握紧锉身,如图5-74所示。这种锉削方法,切削量很小,锉削时锉刀容易掌握平稳,能获得较平整、光滑的平面,适用于锉削狭窄平面或精加工。

图5-74 推锉

平面在锉削过程中或完工后,常采用钢直尺或刀口形直尺,以透光法来检查其平面度,如图5-75所示。刀口形直尺在使用中应沿加工面的纵向、横向和对角方向作多处"米"字形检查,根据测量面与被测量面之间的透光强弱是否均匀来判断平面度的误差。

图 5-75　透光法检查平面度误差

检查中可能会出现图 5-76 所示的几种情况。另外,还可用塞尺配合刀口形直尺检查平面度,如图 5-77 所示。使用时,若某塞片能塞入,而相邻的另一片塞片不能塞入,则该平面的平面度为能塞入那片塞片的厚度。

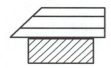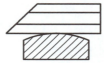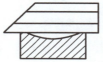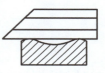

图 5-76　检查平面度误差出现的几种情况

图 5-77　用塞尺检查平面度

 职场健康与安全

用塞尺检查平面度时应注意:

①刀口形直尺在检查的表面上改变位置时,一定要抬起刀口形直尺,使其离开工件表面,然后移到另外位置轻轻放下。严禁刀口形直尺在工件表面上推拉移位,以免损坏刀口形直尺的精度。

②用塞尺检查平面精度时,塞片要在多个位置上检查,取其中最大的数值为平面度误差。

（2）曲面的锉削方法

1）锉削外圆弧面

锉削外圆弧面一般选用扁锉,锉削方法有横向滚锉法和顺向滚锉法两种。横向滚锉法锉削时,锉刀横着圆弧面只做直线运动,不做圆弧摆动,如图 5-78（a）所示。这种锉削方法的实质是锉刀在圆弧面上做顺向锉削,加工出一个多棱形的近似圆弧面,锉削效率高,比较容易掌握,适用于圆弧面的粗加工。

顺向滚锉法锉削时,右手向前推进锉刀的同时再对锉刀施加向下的压力,左手捏着锉刀的另一端随着向前运动并向上提,使锉刀沿着圆弧表面一边向前推,同时又做圆弧运动,锉削出一个圆滑的外圆弧面,如图 5-78(b)所示。这种锉削方法效率低,锉削量很少,难以掌握,适用于圆弧面的精加工。

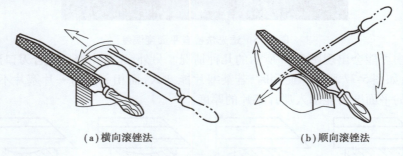

(a)横向滚锉法　　　　　　　　　(b)顺向滚锉法

图 5-78　锉削外圆弧面

2)锉削内圆弧面

锉削内圆弧面主要选用圆锉、半圆锉等,如图 5-79 所示。锉削时,锉刀要同时完成三个运动,即锉刀的推进运动,沿着内圆弧面的左、右摆动,绕锉刀中心线的转动。这三个运动协调配合,才能保证锉削出光滑、精确的内圆弧面。这种锉削方法要求技术水平较高,适用于精加工。

(三)锉配

锉配是指锉削两个相互配合的零件配合表面,使配合的松紧程度达到所规定的要求,如图 5-80 所示。锉配时,一般先锉好其中的一件,再锉另一件,通常先锉外表面工件,再锉内表面工件。

图 5-79　锉削内圆弧面

图 5-80　锉配

👆**职场健康与安全**

①锉刀必须装柄使用,以免刺伤手腕。松动的锉刀柄应装紧后再用。

②不准用嘴吹锉屑,也不要用手清除锉屑。当锉刀堵塞后,应用钢丝刷顺着锉纹方向刷去锉屑。

③对铸件上的硬皮或黏砂、锻件上的飞边或毛刺等,应先用砂轮磨去,然后再锉。

④锉削时,不能用手摸锉过的表面,因手有油污,再锉时会打滑。

⑤放置锉刀时,不要使其露出工作台面,以防锉刀跌落伤脚;也不能把锉刀与锉刀叠放或锉刀与量具叠放。

钳工实训课题四:

完成图 5-81 所示的锉削练习。

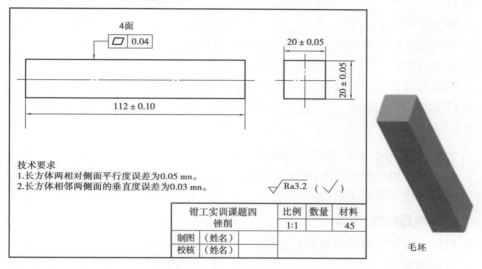

毛坯

图 5-81 锉削

锉削参考步骤,如图 5-82 所示。

①粗、精锉长方体一个侧面作基准面,平面度 0.04 mm、表面粗糙度 3.2 μm 达到要求,如图 5-82(a)所示。

②粗、精锉基准面的任一相邻面,平面度 0.04 mm、垂直度 0.03 mm、表面粗糙度 3.2 μm 达到要求,如图 5-82(b)所示。

③划线,粗、精锉基准面的对面,尺寸 20 ± 0.05 mm、平面度 0.04 mm、平行度 0.05 mm、表面粗糙度 3.2 μm 达到要求,如图 5-82(c)所示。

④划线,粗、精锉基准面的另一相邻面,尺寸 20 ± 0.05 mm、平面度 0.04 mm、垂直度 0.03 mm、平行度 0.05 mm、表面粗糙度 3.2 μm 达要求,如图 5-82(d)所示。

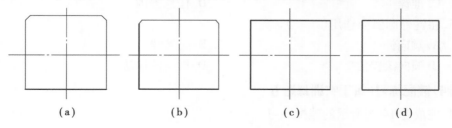

(a)　　　　　(b)　　　　　(c)　　　　　(d)

图 5-82 锉削参考步骤

任务检测

(一)填空题

1. 锉刀由_____、锉刀边和_____等部分组成。

2. 锉刀按用途不同分为_____、异形锉和_____三类。

3. 平面在锉削过程中或完工后,常采用钢直尺或_____,以_____来检查其平面度。

4. 锉削外圆弧面的方法有_____和_____两种。

5. 锉配时,通常先锉_____表面工件,再锉_____表面工件。

(二)判断题

6. 锉削软材料时,最好选用单齿纹锉刀。 ( )

7. 锉刀在使用过程中可不用防水、防油。 ( )

8. 锉刀可作为敲击工具使用。 ( )

(三)单项选择题

9. 粗加工或加工有色金属材料选用(   )。

    A. 粗齿锉刀   B. 中齿锉刀

    C. 细齿锉刀   D. 油光锉

10. 锉刀截面形状的选择依据(   )。

    A. 材料软硬   B. 加工表面粗糙度

    C. 待加工表面的形状   D. 尺寸精度

11. 锉削余量较大时,在锉削前阶段用的锉削方法是(   )。

    A. 顺向锉   B. 交叉锉

    C. 推锉   D. 任意锉削

12. 锉削狭窄平面或精加工选用(   )。

    A. 顺向锉   B. 交叉锉

    C. 推锉   D. 任意锉削

13. 粗锉外圆弧面选用(   )。

    A. 顺向锉   B. 交叉锉

    C. 顺向滚锉法   D. 横向滚锉法

(四)锉配练习(钳工实训课题五)

14. 完成题14图所示的锉配练习。

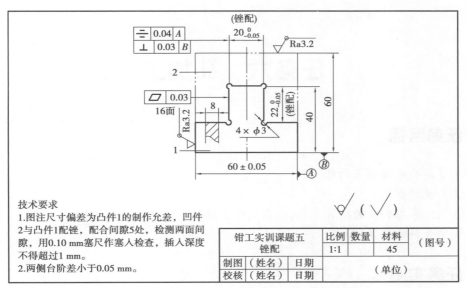

技术要求

1.图注尺寸偏差为凸件1的制作允差，凹件2与凸件1配锉，配合间隙5处，检测两面间隙，用0.10 mm塞尺作塞入检查，插入深度不得超过1 mm。

2.两侧台阶差小于0.05 mm。

钳工实训课题五 锉配	比例	数量	材料	（图号）
	1:1		45	
制图	（姓名）	日期		（单位）
校核	（姓名）	日期		

（a）图样

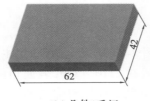

（b）凸件1毛坯

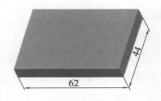

（c）凹件2毛坯

题 14 图

任务评价

评价表

序号	考核项目	配分/分	评分标准	得分/分
（一）	填空题	20	每空答对得2分	
（二）	判断题	9	每小题答对得3分	
（三）	单项选择题	15	每小题答对得3分	
（四）	锉配	56	按图纸要求检查	
	总分	100	合计	

任务六　孔加工

任务目标

①了解钻床和钻头的结构。
②会操作台钻。
③熟练掌握钻头的拆装方法,能在工件上钻孔。
④培养科学家精神。

任务实施

(一)钻孔

1.钻孔的概念

用钻头在实体材料上加工孔的操作叫钻孔,如图 5-83 所示。钻孔时,主要由于钻头结构上存在的缺点,影响加工质量,加工精度一般在 IT10 ~ IT9,表面粗糙度 $Ra \geqslant$ 12.5 μm,属于粗加工。在钻床上钻孔时,一般情况下钻头应同时完成两个运动:主运动和进给运动。主运动为钻头绕轴线的旋转运动(用来产生切屑的运动);进给运动为钻头沿轴线方向对工件的直线运动(用来继续产生切屑的运动)。

2.麻花钻的结构

麻花钻是钻孔用的切削工具,常用高速钢制造,工作部分经热处理淬硬至 62 ~ 65HRC。麻花钻一般由柄部、颈部和工作部分三部分组成,如图 5-84 所示。

图 5-83　钻孔

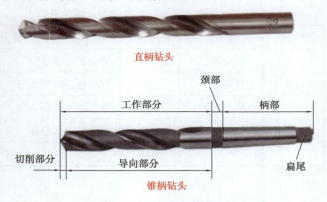

图 5-84　麻花钻的结构

①柄部。柄部是钻头的夹持部分,起传递动力的作用,柄部有直柄和锥柄两种。直径小于 6 mm 的钻头均为直柄,直径在 6 ~ 13 mm 的钻头有直柄和莫氏锥柄两种,直径大于 13 mm 的钻头均为莫氏锥柄。

②颈部。颈部是砂轮磨削钻头时退刀用的(退刀槽),也是钻头规格、材料和商标的打印处。

③工作部分。工作部分包括导向部分和切削部分。导向部分轴向略有倒锥,钻孔时可减少孔壁与导向部分的摩擦,并能正确引导钻头进行工作。导向部分有两条螺旋形容屑槽,用来排屑并引入切削液。

麻花钻切削部分的结构,如图5-85 所示。

主后刀面　前刀面
横刃
主切削刃
副切削刃
副后刀面

图5-85　麻花钻切削部分的结构

3. 标准麻花钻的缺点及修磨

标准麻花钻的缺点及修磨见表5-4。

表5-4　标准麻花钻的缺点及修磨

缺点	图形	修磨部位	修磨目的
横刃较长,造成定心不良		修磨横刃	一般直径在 5 mm 以上的钻头均需修磨横刃。修磨横刃时,一方面要磨短横刃,另一方面要增大横刃处的前角
主切削刃上各点的前角大小不同,引起各点切削性能不同		$2\varphi_0$ 2φ 修磨主切削刃	将主切削刃磨出第二顶角,目的是增加切削刃的总长度,从而改善散热条件,减少孔壁表面粗糙度

续表

缺点	图形	修磨部位	修磨目的
棱边较宽,造成棱边与孔壁的摩擦比较严重		 修磨棱边	减少棱边对孔壁的摩擦,提高钻头耐用度
切削刃过分锋利,引起扎刀现象		 修磨前刀面	减小前角,在钻削硬材料时可提高刀齿的强度,在切削黄铜时避免扎刀
主切削刃长,切屑宽而卷曲,造成排屑困难		 修磨分屑槽	直径大于 15 mm 的麻花钻,可修磨分屑槽,使原来的宽切屑变成窄切屑,从而便于排屑

4. 群钻

标准麻花钻最主要的缺点是横刃和钻心处的负前角大,切削条件不利。群钻是把标准麻花钻的切削部分磨出两条对称的月牙槽,形成圆弧刃,并在横刃和钻心处经修磨形成两条内直刃,如图 5-86 所示。这样,加上横刃和原来的两条外直刃,就将标准麻花钻的"一尖三刃"磨成了"三尖七刃"。修磨后钻尖高度降低,横刃长度缩短,圆弧刃、内直刃和横刃处的前角均比标准麻花钻相应处大。群钻寿命可比标准麻花钻提高 2～3 倍,生产率提高两倍以上。群钻的三个尖顶,可改善钻削时的定心性,提高钻孔精度。

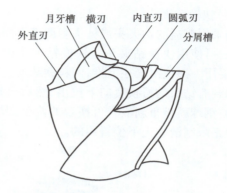

外直刃　月牙槽　横刃　内直刃　圆弧刃　分屑槽

图 5-86　群钻

5. 钻头的装拆

（1）钻夹头

钻夹头是用来夹持直径 13 mm 以下的直柄钻头，如图 5-87 所示。

（2）钻头套

钻头套是用来装夹锥柄钻头的，如图 5-88 所示。

图 5-87　钻夹头　　　　　　　　图 5-88　钻头套

钻头套共分为 5 种，工作中应根据钻头锥柄莫氏锥度的号数，选用相应的钻头套，见表 5-5。

表 5-5　5 种钻头套的选用

钻头套种类	锥柄钻头的锥柄大小（莫氏锥度）		锥柄钻头的直径/mm
	内锥孔	外锥孔	
1	1 号	2 号	15.5 以下
2	2 号	3 号	15.6 ~ 23.5
3	3 号	4 号	23.6 ~ 32.5
4	4 号	5 号	32.6 ~ 49.5
5	5 号	6 号	49.6 ~ 65

（3）快换钻夹头

当采用普通的钻夹头或钻头套调换不同的钻头时,必须停车换钻头。若要不停车换钻头,可使用快换钻夹头。快换钻夹头的结构,如图 5-89 所示。当需要更换钻头时,只要用手握住滑套往上推,两粒钢球就会因受离心力而飞出凹坑。此时,另一只手就可把装有钻头的可换套向下拉出,然后再把装有另一个钻头的可换套插入,放下滑套,两粒钢球就被重新嵌入可换套的两个凹坑内,夹头体就可带动钻头旋转。弹簧环的作用是限制滑套上下位置用的。

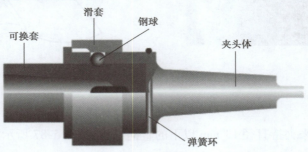

图 5-89　快换钻夹头

6.钻孔方法

（1）工件的夹持

工件的夹持方法,如图 5-90 所示。

（a）用手虎钳

（b）用机用平口钳

（c）用V形铁

（d）用塔压板

（e）用三爪自定心卡盘

（f）用专用工具

图 5-90　工件的夹持方法

（2）一般工件的钻孔方法

①钻孔前,一般先划线,确定孔的中心,在孔中心先用冲头打出较大中心眼。

②钻孔时,应先钻一个浅坑,以判断是否对中。若未对中,应予以借正,靠移动工

件或钻床主轴来解决;若偏离太多,可以在借正方向上多打几个样冲眼,使之连成一个冲孔,将原来钻的浅坑借正过来;或用油槽錾在借正方向上錾几条窄槽,减少其切削阻力,则可达到借正的目的。

③在钻削过程中,特别是在钻深孔时,要经常退出钻头以排出切屑和进行冷却;否则,可能使切屑堵塞或钻头过热磨损甚至折断,并影响加工质量。

④钻通孔时,当孔将要钻穿时,进刀量要减小,避免钻头在钻穿时的瞬间抖动,出现"啃刀"现象,影响加工质量,损伤钻头,甚至发生事故。

⑤钻削直径大于 30 mm 的孔应分两次钻。第一次先钻一个直径较小的孔(为加工孔径的 0.5 ~ 0.7 倍),第二次用钻头将孔扩大到所要求的直径。

(3)在圆柱形工件上钻孔的方法

在圆柱形工件上钻孔,如图 5-91 所示。

钻孔前,用专用定心工具、百分表找正,确定 V 形铁的位置,如图 5-91(a)所示。将工件放在 V 形铁中,用宽座角尺按工件端面中心线找正并固定之,最后进行试钻和钻孔,如图 5-91(b)所示。

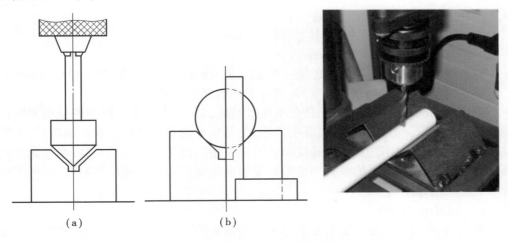

(a)　　　　　　　　(b)

图 5-91　在圆柱形工件上钻孔的方法

(4)在斜面上钻孔的方法

在斜面上钻孔,如图 5-92 所示。应先在待钻孔的部位铣一小平面,然后在这个小平面上划线、冲大样冲眼、试钻、钻孔。对精度要求不高的孔,可用錾子錾出一个平面,再进行钻孔。

(5)钻半圆孔的方法

当相同材料的两工件边缘需钻半圆孔时,可把两件合起来,用台虎钳夹紧一起钻,如图 5-93 所示。若只需做一件,则可用一块相同材料与工件拼起来夹在台虎钳内进行钻削。

在两件不同材料的工件上钻骑缝孔时,可采用"借料"的方法来完成。即钻孔的孔中心样冲眼要打在略偏向硬材料的一边,以抵消因阻力小而引起的钻头偏向软材料的偏移量,如图 5-94 所示。

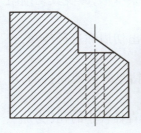

图 5-92　在斜面上钻孔　　图 5-93　相同材料钻半圆孔

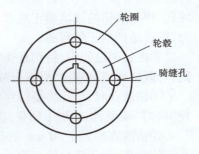

图 5-94　钻骑缝孔

（6）钻削用量常识

钻孔时的切削用量是指在钻削加工过程中,切削速度、进给量和背吃刀量的总称。

钻孔时的切削速度 v 是指钻头主切削刃外缘处的线速度,可用下列公式计算:

$$v = \frac{\pi D n}{1\ 000}$$

式中　D——钻头直径,单位 mm;

　　　n——钻头（机床主轴）的转速,单位 r/min;

　　　v——切削速度,单位 m/min。

钻孔时的进给量 f 是指钻头每转一周,钻头沿其轴线方向移动的距离,单位是 mm/r。

钻孔时的背吃刀量（切削深度）a_p 等于钻头直径的一半。

选用恰当的钻削用量的目的是在不超过机床、钻头、夹具和工件等的强度和刚性的条件下,保证孔的加工质量,提高生产率,使钻头有较长的使用寿命。钻孔时,由于钻头直径已定,故只需选择钻削速度和进给量。钻削用量的选用原则是:在允许的范围内,尽量选择较大的进给量 f;当进给量受表面粗糙度和钻头刚性限制时,再考虑选择较大的钻削速度 v。

（7）钻削用切削液

钻孔属于粗加工,注入切削液是为了提高钻头的寿命和切削性能,因此应以冷却为主。钻削不同材料要选用不同的切削液,见表 5-6。

表 5-6　钻各种材料用的切削液（质量分数）

工件材料	冷却润滑液
各类结构钢	质量分数为 3% ~5% 的乳化液,质量分数为 7% 的硫化乳化液
不锈钢、耐热钢	质量分数为 3% 的肥皂加质量分数为 2% 的亚麻油水溶液,硫化切削油
纯铜、黄铜、青铜	不用,质量分数为 5% ~8% 的乳化液
铸铁	不用,质量分数为 5% ~8% 的乳化液,煤油
铝合金	不用,质量分数为 5% ~8% 的乳化液,煤油,煤油与菜油的混合油
有机玻璃	质量分数为 5% ~8% 的乳化液,煤油

职场健康与安全

①钻孔前,要清理工作台,如图5-95所示。

②钻床起动前,要取出钥匙和斜铁,如图5-96所示。

图5-95　清理工作台

图5-96　取出钥匙和斜铁

③钻通孔时,要垫垫块或使钻头对准工作台的沟槽,如图5-97所示。

④通孔快要钻穿时,应减少进给量,如图5-98所示。

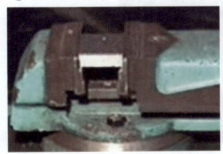

图5-97　垫垫块

图5-98　要钻穿时减少进给量

⑤钻床需变速时,应停车后变速,如图5-99所示。

⑥切屑的清除用刷子或铁钩,如图5-100所示。

图5-99　应停车后变速

图5-100　用刷子或铁钩清除切屑

⑦钻孔时,不可戴手套,女生应戴工作帽,如图 5-101 所示。

图 5-101　不可戴手套,女生应戴工作帽

(二)扩孔

1. 扩孔的概念及切削深度的计算

扩孔是用扩孔钻对工件上已有的孔进行扩大加工的操作,如图 5-102 所示。

图 5-102　扩孔

扩孔时的切削深度按下式计算

$$a_p = \frac{1}{2}(D - d)$$

式中　D——扩孔后直径,mm;

　　d——预加工孔直径,mm。

2. 扩孔加工的特点

①扩孔钻中间无横刃,中间不参加切削,可避免因横刃引起的一些不良影响,如图 5-103 所示。

②扩孔时的切削深度较小,切屑易排出,不易擦伤已加工面。

③扩孔钻强度高,导向性好,切削稳定,可增大切削用量,提高刀具的使用寿命、生产效率和孔的加工质量。

④扩孔常作为半精加工,公差等级可达 IT10 ~ IT9,表面粗糙度 Ra 可达25 ~ 3.2 μm。

(三) 锪孔

1. 锪孔的概念及类型

用锪削方法在孔口表面加工出一定形状的孔称为锪孔,如图 5-104 所示。

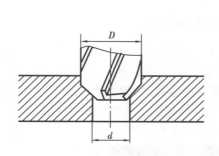

图 5-103　扩孔加工　　　　　　　　　图 5-104　锪孔

锪孔的类型主要有圆柱形沉孔、圆锥形沉孔以及锪孔口的凸台面,如图 5-105 所示。

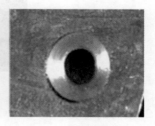

（a）圆柱形沉孔　　　　　（b）圆锥形沉孔　　　　（c）锪孔口的凸台面

图 5-105　锪孔的类型

2. 锪钻的种类

锪钻的种类,如图 5-106 所示。

（a）柱形锪钻　　　　　（b）锥形锪钻　　　　　（c）端面锪钻

图 5-106　锪钻的种类

3. 锪孔时的注意事项

①当用麻花钻改制成锪钻时,要使刀杆尽量短,避免刀具振动。

②要防止产生扎刀现象,适当减少锪钻的后角和外缘处的前角。

③切削速度要低于钻孔时的速度(一般选用钻孔速度的 1/3 ~ 1/2)。精锪时,甚至可利用停车后的钻轴惯性来进行。

④锪钻钢件时,要对导柱和切削表面进行润滑。

(四)铰孔

1. 铰孔的概念

铰孔是用铰刀从工件的孔壁上切除微量的金属层,以提高孔的尺寸精度和表面质量的加工方法,如图 5-107 所示。铰孔是应用较普遍的孔的精加工方法之一,其加工精度可达 IT9 ~ IT7 级,表面粗糙度 Ra 可达 3.2 ~ 0.8 μm。

图 5-107　铰孔

2. 铰刀的种类

铰刀按使用方式不同可分为机铰刀和手铰刀;按所铰孔的形状不同,可分为圆柱形铰刀和圆锥形铰刀;按容屑槽的形状不同,可分为直槽铰刀和螺旋槽铰刀;按结构组成不同,可分为整体式铰刀和可调式铰刀。

铰刀常用高速钢(手铰刀及机铰刀)或高碳钢(手铰刀)制成。

(1)标准圆柱铰刀

标准圆柱铰刀,如图 5-108 所示。为获得较高的铰孔质量,一般手铰刀的齿距在圆周上是不均匀分布的。如果用对称齿,就会使某一处孔壁产生凹痕。

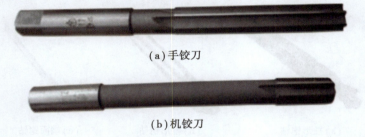

(a)手铰刀

(b)机铰刀

图 5-108　标准圆柱铰刀

（2）可调节手铰刀

可调节手铰刀,如图 5-109 所示。刀体上开有六条斜底的直槽,将六条具有相同斜度的刀片嵌在槽内,刀片的两端用调整螺母和压圈压紧。只需调节两端螺母,就可推动刀片沿斜槽底部移动,以达到调节铰刀直径的目的。

图 5-109　可调节手铰刀

（3）锥铰刀

锥铰刀是用来铰削圆锥孔的,如图 5-110 所示。锥铰刀有 1 : 10 锥铰刀、1 : 30 锥铰刀、1 : 50 锥铰刀和莫氏锥铰刀。

图 5-110　锥铰刀

（4）螺旋槽手铰刀

铰削有键槽的孔,不能用直齿铰刀铰削,因为键槽侧边会勾住刀刃,故采用螺旋槽铰刀。螺旋槽的方向一般为左旋,如图 5-111 所示。

图 5-111　螺旋槽手铰刀

（5）硬质合金铰刀

硬质合金铰刀适用于高速铰削和硬材料铰削。YG 类适合铰削铸铁材料,YT 类适合铰削钢件。图 5-112 所示为一把硬质合金手铰刀。

图 5-112　硬质合金手铰刀

3. 铰削用量的选择

铰削用量主要指铰削余量、切削速度和进给量。

选择铰削余量时,应根据铰孔的精度、表面粗糙度、孔径大小、材料硬度和铰刀类型来决定。精铰时的铰削余量一般为 0.1 ~ 0.2 mm。表 5-7 列举了用普通高速钢铰刀铰孔时的余量参考值。

表 5-7　铰削余量参考值

铰孔直径/mm	< 5	5 ~ 20	21 ~ 32	33 ~ 50	51 ~ 70
铰削余量/mm	0.1 ~ 0.2	0.2 ~ 0.3	0.3	0.5	0.8

使用普通标准高速钢铰刀时(机铰):

对铸铁铰孔,切削速度≤10 m/min,进给量=0.8 mm/r。

对钢件铰孔,切削速度≤8 m/min,进给量=0.4 mm/r。

4. 铰削时的冷却润滑

铰孔时的切屑一般都很细碎,容易黏附在刀刃上,甚至夹在孔壁与铰刀之间,将已加工表面刮毛,使孔径扩大,导致切削过程中的热量积累过多,容易引起工件和铰刀变形,导致铰刀磨损加快。因此,在铰削中必须加入适当的冷却润滑液。冷却润滑液的选择见表5-8。

表5-8 铰削时的冷却润滑液

加工材料	冷却润滑液
钢	1. 10%～20%乳化液; 2. 铰孔要求高时,采用30%植物油加70%肥皂水; 3. 铰孔要求更高时,可用菜油、柴油、猪油等
铸铁	1. 不用; 2. 煤油,但要引起孔径缩小,最大缩小量达0.02～0.04 mm; 3. 3%～5%乳化液
铝	煤油,松节油
铜	5%～8%乳化液

5. 铰削工作要点

①工件要夹正、夹紧,薄壁零件夹紧力不能过大。

②手铰时,两手用力要平衡、均匀、稳定。

③铰刀不能反转,退出时也要顺转。

④当手铰刀被卡住时,不能猛力扳转绞手。

⑤机铰退刀时,应先退出刀后再停车。

⑥机铰时,要注意机床主轴、铰刀和工件孔三者的同轴度是否符合要求。

钳工实训课题六:

完成图5-113所示的孔加工练习。

孔加工参考步骤,如图5-114所示。

①锉削毛坯4个侧面,尺寸60 mm×60 mm,垂直度、平行度达要求,并去毛刺,如图5-114(a)所示。

②用高度游标卡尺划线,并打样冲眼,如图5-114(b)所示。

③用划规划圆,如图5-114(c)所示。

④分别进行钻孔、锪孔和铰孔,如图5-114(d)所示。

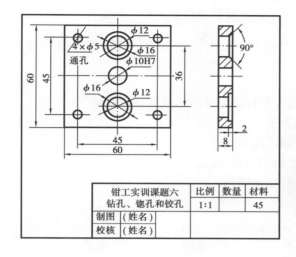

毛坯 (61 mm × 61 mm × 8 mm)

图 5-113　孔加工

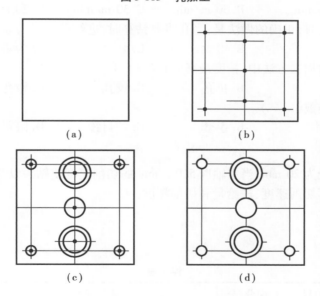

图 5-114　孔加工参考步骤

任务检测

(一)填空题

1．用钻头在实体材料上加工孔的操作叫＿＿＿＿＿＿。

2．钻头钻孔时应同时完成＿＿＿＿＿和＿＿＿＿＿两个运动。

3．麻花钻一般由柄部、＿＿＿＿＿和＿＿＿＿＿三个部分组成。

4. 扩孔是用_____对工件上已有的孔进行扩大加工的操作。

5. 铰刀按使用方式不同可分为_____和_____。

（二）判断题

6. 钻孔属于粗加工。 （　　）

7. 用钻头钻深孔时，经常退出钻头的目的是排出切屑和进行冷却。 （　　）

8. 钻孔时注入切削液应以润滑为主。 （　　）

9. 锪孔时的切削速度与钻孔时的速度相同。 （　　）

10. 一般手铰刀的齿距在圆周上是均匀分布的。 （　　）

11. 铰孔时铰刀不能反转，退出时也要顺转。 （　　）

（三）单项选择题

12. 钻头的规格、材料和商标打印在钻头的（　　）。

    A. 工作部分   B. 颈部   C. 柄部   D. 扁尾

13. 钻头直径为 10 mm，以 960 r/min 的转速钻孔时，切削速度是（　　）。

    A. 100 m/min   B. 50 m/min   C. 30 m/min   D. 20 m/min

14. 在钻通孔时，正确的做法是：当孔将要钻穿时，进给量（　　）。

    A. 不变   B. 增大   C. 减少   D. 为零

15. 下列孔的加工方法中，精度最高的是（　　）。

    A. 钻孔   B. 扩孔   C. 铰孔   D. 锪孔

16. 钻工不准戴（　　）。

    A. 工作帽   B. 手套   C. 护目镜   D. 眼罩

（四）计算题

17. 钻头直径为 20 mm，当主轴以 510 r/min 的切削速度使钻头以 51 mm/min 做轴向进给时，试计算切削速度、进给量和切削深度。

任务评价

评价表

序号	考核项目	配分/分	评分标准	得分/分
（一）	填空题	32	每空答对得 4 分	
（二）	判断题	30	每小题答对得 5 分	
（三）	单项选择题	25	每小题答对得 5 分	
（四）	计算题	13	计算切削速度 6 分，进给量 4 分，切削深度 3 分	
	总分	100	合计	

任务七　螺纹加工

任务目标

①了解攻螺纹和套螺纹的工具结构及性能。
②能正确使用攻螺纹和套螺纹的工具。
③掌握攻螺纹和套螺纹的方法。
④法律规范教育。

任务实施

（一）攻螺纹

1.攻螺纹的概念
用丝锥加工工件内螺纹的方法称为攻螺纹,攻螺纹也叫攻丝,如图 5-115 所示。

图 5-115　攻螺纹

2.攻螺纹工具
（1）丝锥
丝锥按使用方法的不同可分为手用丝锥和机用丝锥两大类,如图 5-116 所示。

（a）手用丝锥　　　　　　　　　　（b）机用丝锥

图 5-116　丝锥

丝锥的构造，如图 5-117 所示。

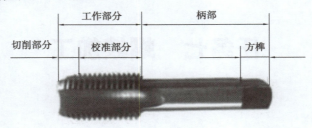

图 5-117　丝锥的构造

为了控制排屑方向，有些专用丝锥做成左旋槽，用来加工通孔，使切屑顺利地向下排出；也有做成右旋的，用来加工不通孔（盲孔），使切屑能向上排出。图 5-118 所示为一个右旋槽丝锥。

图 5-118　右旋槽丝锥

（2）绞杠

绞杠是手工攻螺纹时使用的一种辅助工具，如图 5-119 所示。

（a）活络绞杠　　　　　　　　　　　　（b）丁字绞杠

图 5-119　绞杠

（3）保险夹头

在钻床上攻螺纹时，通常用保险夹头来夹持丝锥，以免当丝锥的负荷过大或攻制不通螺孔到达孔底时，产生丝锥折断或损坏工件等现象。保险夹头如图 5-120 所示。

图 5-120　保险夹头

3. 攻螺纹方法

(1)攻螺纹前螺纹底孔直径的确定

攻螺纹时,丝锥的切削刃除起切削作用外,还对工件材料产生挤压作用。因此,攻螺纹时,螺纹底孔直径必须大于标准规定的螺纹内径。加工普通螺纹底孔钻头直径计算公式,见表5-9。

表5-9　加工普通螺纹底孔钻头直径计算公式

被加工材料和扩张量	钻头直径计算公式
钢和其他塑性大的材料,扩张量中等	$d_0 = D - P$
铸铁和其他塑性小的材料,扩张量较小	$d_0 = D - (1.05 \sim 1.1)P$

注:d_0——攻螺纹前钻头直径;

D——螺纹公称直径;

P——螺距。

攻不通孔螺纹时,由于丝锥切削部分不能切出完整的螺纹牙形,所以钻孔深度要大于所需的螺孔深度。一般取:钻孔深度 = 所需螺孔深度 $+ 0.7D$。

普通螺纹攻螺纹前钻底孔的钻头直径,见表5-10。

表5-10　普通螺纹攻螺纹前钻底孔的钻头直径

螺纹直径 D/mm	螺距 P/mm	钻头直径 d_0/mm 铸铁、青铜、黄铜	钻头直径 d_0/mm 钢、可锻铸铁、紫铜、层压板	螺纹直径 D/mm	螺距 P/mm	钻头直径 d_0/mm 铸铁、青铜、黄铜	钻头直径 d_0/mm 钢、可锻铸铁、紫铜、层压板
2	0.4 0.25	1.6 1.75	1.6 1.75	14	2 1.5 1	11.8 12.4 12.9	12 12.5 13
2.5	0.45 0.35	2.05 2.15	2.05 2.15	16	2 1.5 1	13.8 14.4 14.9	14 14.5 15
3	0.5 0.35	2.5 2.65	2.5 2.65	18	2.5 2 1.5 1	15.3 15.8 16.4 16.9	15.5 16 16.5 17
4	0.7 0.5	3.3 3.5	3.3 3.5	20	2.5 2 1.5 1	17.3 17.8 18.4 18.9	17.5 18 18.5 19

续表

| 螺纹直径 D/mm | 螺距 P /mm | 钻头直径 d_0/mm | | 螺纹直径 D/mm | 螺距 P /mm | 钻头直径 d_0/mm | |
		铸铁、青铜、黄铜	钢、可锻铸铁、紫铜、层压板			铸铁、青铜、黄铜	钢、可锻铸铁、紫铜、层压板
5	0.8	4.1	4.2	22	2.5	19.3	19.5
	0.5	4.5	4.5		2	19.8	20
					1.5	20.4	20.5
					1	20.9	21
6	1	4.9	5				
	0.75	5.2	5.2				
8	1.25	6.6	6.7				
	1	6.9	7				
	0.75	7.1	7.2	24	3	20.7	21
10	1.5	8.4	8.5		2	21.8	22
	1.25	8.6	8.7		1.5	22.4	22.5
	1	8.9	9		1	22.9	23
	0.75	9.1	9.2				
12	1.75	10.1	10.2				
	1.5	10.4	10.5				
	1.25	10.6	10.7				
	1	10.9	11				

（2）攻螺纹要点

①攻螺纹前，孔口倒角，如图 5-121 所示。

②用头锥起攻，如图 5-122 所示。

图 5-121　孔口倒角　　　　　图 5-122　用头锥起攻

③攻入 1～2 圈后，用 90°角尺检查垂直度，如图 5-123 所示。

④当丝锥切削部分全部攻入后，手不再施加压力，如图 5-124 所示。

图 5-123　检查垂直度

图 5-124　全部攻入后,不再施加压力

⑤攻丝过程中,丝锥要经常倒转,以便排屑,如图 5-125 所示。

⑥改用二锥或三锥时,先用手旋入,再用绞杠,如图 5-126 所示。

图 5-125　丝锥要经常倒转

图 5-126　先用手旋入,再用绞杠

⑦攻塑性材料的螺纹时,要加切削液,如图 5-127 所示。

图 5-127　攻塑性材料的螺纹时,要加切削液

(二)套螺纹

1.套螺纹的概念

用板牙在圆杆或管子上切削加工外螺纹的方法称为套螺纹,套螺纹也叫套丝,如图 5-128 所示。

图 5-128　套螺纹

2. 套螺纹工具

套螺纹工具有板牙和板牙绞杠,如图 5-129 所示。

(a)板牙

(b)板牙绞杠

图 5-129　套螺纹工具

3. 套螺纹方法

(1)套螺纹前圆杆直径的确定

与攻螺纹一样,用板牙在钢料上套螺纹时,螺孔牙尖也会被挤高一些。所以,圆杆直径应比螺纹的大径小一些。圆杆直径可用下列公式计算:

$$d_0 = d - 0.13P$$

式中　d——螺纹大径,mm;

　　　P——螺距,mm。

套螺纹时圆杆直径见表 5-11。

表 5-11　套螺纹时圆杆直径

粗牙普通螺纹			英制螺纹			圆柱管螺纹		
螺纹直径/mm	螺距/mm	螺杆直径/mm		螺纹直径/in	螺杆直径/mm		螺纹直径/in	管子外径/mm	
		最小直径	最大直径		最小直径	最大直径		最小直径	最大直径
M6	1	5.8	5.9	1/4	5.9	6	1/8	9.4	9.5
M8	1.25	7.8	7.9	5/16	7.4	7.6	1/4	12.7	13
M10	1.5	9.75	9.85	3/8	9	9.2	3/8	16.2	16.5
M12	1.75	11.75	11.9	1/2	12	12.2	1/2	20.5	20.8
M14	2	13.7	13.85	—	—	—	5/8	22.5	22.8
M16	2	15.7	15.85	5/8	15.2	15.4	3/4	26	26.3
M18	2.5	17.7	17.85	—	—	—	7/8	29.8	30.1

续表

粗牙普通螺纹			英制螺纹			圆柱管螺纹		
螺纹直径/mm	螺距/mm	螺杆直径/mm		螺纹直径/in	螺杆直径/mm		螺纹直径/in	管子外径/mm	
		最小直径	最大直径		最小直径	最大直径		最小直径	最大直径
M20	2.5	19.7	19.85	3/4	18.3	18.5	1	32.8	33.1
M22	2.5	21.7	21.85	7/8	21.4	21.6	$1\frac{1}{8}$	37.4	37.7
M24	3	23.65	23.8	1	24.5	24.8	$1\frac{1}{4}$	41.4	41.7
M27	3	26.65	26.8	$1\frac{1}{4}$	30.7	31	$1\frac{3}{8}$	43.8	44.1
M30	3.5	29.6	29.8	—	—	—	$1\frac{1}{2}$	47.3	47.6
M36	4	35.6	35.8	$1\frac{1}{2}$	37	37.3			
M42	4.5	41.55	41.75	—	—	—			
M48	5	47.5	47.7	—	—	—			
M52	5	51.5	51.7	—	—	—			
M60	5.5	59.45	59.7	—	—	—			
M64	6	63.4	63.7	—	—	—			
M68	6	67.4	67.7	—	—	—			

(2)套螺纹要点

①套螺纹前,圆杆端部应倒成 15°～20° 的锥角,如图 5-130 所示。

②起套时,一只手施加轴向力,另一只手顺向切进,如图 5-131 所示。

图 5-130　圆杆端部锥角　　　　　图 5-131　两只手配合

③当板牙切入 2～3 圈后,应及时检查垂直度,如图 5-132 所示。

④正常套螺纹时,不要施加压力,只转动板牙架,如图 5-133 所示。

图 5-132　检查垂直度　　　　　图 5-133　正常套螺纹时，只转动板牙架

⑤正常套螺纹时，要经常倒转来断屑，如图 5-134 所示。

⑥在钢件上套螺纹时要加切削液，如图 5-135 所示。

图 5-134　经常倒转断屑　　　　图 5-135　在钢件上套螺纹时要加切削液

钳工实训课题七：

完成图 5-136 所示的攻螺纹练习。

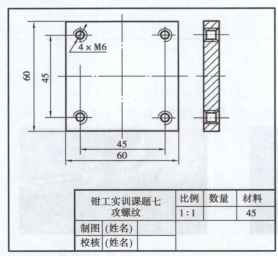

钳工实训课题七 攻螺纹	比例	数量	材料
	1:1		45
制图 (姓名)			
校核 (姓名)			

毛坯(钳工实训课题六)

图 5-136　攻螺纹

任务检测

(一)填空题

1. 用丝锥加工工件内螺纹的方法称为_____。

2. 丝锥按使用方法的不同可分为_____丝锥和_____丝锥两大类。

3. 攻螺纹时,螺纹底孔直径必须_____标准规定的螺纹内径。

4. 用_____在圆杆或管子上切削加工外螺纹的方法称为套螺纹。

(二)判断题

5. 丝锥的容屑槽都是直的,以便于制造和刃磨,因此不能做成螺旋形的。( )

6. 攻丝过程中,丝锥要经常倒转,以便排屑。( )

7. 套螺纹时,圆杆直径应比螺纹的大径大一些。( )

(三)单项选择题

8. 攻发动机气缸体上的螺纹(盲孔)时,选用( )。

    A. 直槽丝锥　　　　B. 左旋槽丝锥　　　　C. 右旋槽丝锥　　　　D. 任意选丝锥

9. 在钻床上攻螺纹时,夹持丝锥通常采用( )。

    A. 钻夹头　　　　B. 钻头套　　　　C. 快换钻夹头　　　　D. 保险夹头

10. 攻螺纹确定螺纹底孔直径的大小,应考虑钻孔时的扩张量和工件材料的( )。

    A. 硬度　　　　B. 塑性　　　　C. 强度　　　　D. 韧性

(四)计算题

11. 试用计算法和查表法确定在钢样和铸铁上攻 M12 螺纹前钻底孔的钻头直径。

螺纹直径 D/mm	螺距 P/mm	钻头直径 d_0/mm	
		铸铁、青铜、黄铜	钢、可锻铸铁、紫铜
12	1.75	10.1	10.2
	1.5	10.4	10.5
	1.25	10.6	10.7
	1	10.9	11

(五)按要求做题(钳工实训课题八)

12. 完成题 12 图所示的套螺纹练习。

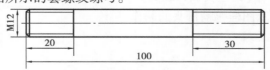

题 12 图　套螺纹

任务评价

评价表

序号	考核项目	配分/分	评分标准	得分/分
（一）	填空题	20	每空答对得 4 分	
（二）	判断题	15	每小题答对得 5 分	
（三）	单项选择题	15	每小题答对得 5 分	
（四）	计算题	16	每个答案答对得 4 分	
（五）	按要求做题	34	按图样检查	
	总分	100	合计	

任务八　综合训练

任务目标

①完成榔头及六角螺母的制作。
②培养责任担当精神。

任务实施

（一）制作鸭嘴榔头

1. 制作鸭嘴榔头已完成的工作
①钳工实训课题二,完成了毛坯的划线工作。
②钳工实训课题三,完成了毛坯的锯削工作。
③钳工实训课题四,完成了长方体工件的锉削工作。
2. 鸭嘴榔头的制作(钳工实训课题九)
完成图 5-137 所示图样鸭嘴榔头的制作。

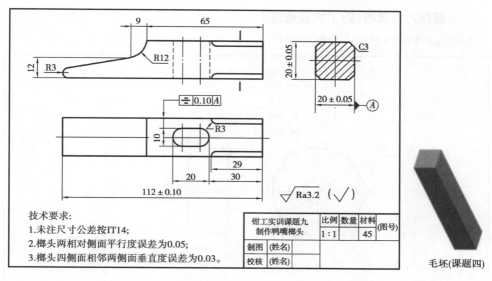

技术要求:
1.未注尺寸公差按IT14;
2.榔头两相对侧面平行度误差为0.05;
3.榔头四侧面相邻两侧面垂直度误差为0.03。

钳工实训课题九 制作鸭嘴榔头	比例	数量	材料	(图号)
	1:1		45	
制图 (姓名)				
校核 (姓名)				

毛坯(课题四)

图 5-137　鸭嘴榔头

制作鸭嘴榔头参考步骤,如图 5-138 所示。

①检查课题四的毛坯外形尺寸等是否合格。

②划线,锯去图中左上角不要的材料,如图 5-138(a)所示。

③按划线,粗锉、精锉外形轮廓达要求,如图 5-138(b)所示。

④划线并钻排孔,如图 5-138(c)所示。

⑤錾去孔中的废料,如图 5-138(d)所示。

⑥粗锉、精锉内孔达要求,如图 5-138(e)所示。

⑦鸭嘴榔头制作完成后,如图 5-138(f)所示。

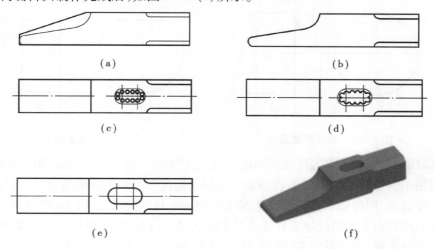

图 5-138　制作鸭嘴榔头参考步骤

(二)制作六角螺母(钳工实训课题十)

完成图5-139所示的六角螺母制作。

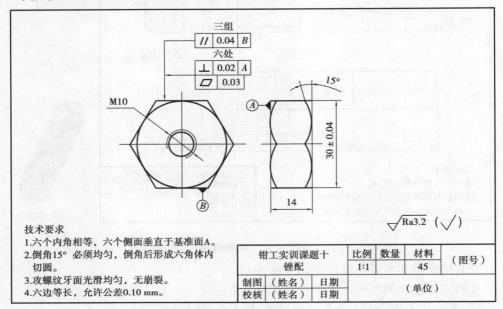

图5-139　制作六角螺母(毛坯尺寸 φ36×15 mm)

制作六角螺母参考步骤:

①先修整 A 面作为基准面,再加工平行面,使尺寸达到图纸要求,如图5-140所示。

②加工面1,单边粗锉加工3 mm,以刀口角尺检查平面度和垂直度,并用游标卡尺测量尺寸 33±0.04 mm 达要求,如图5-141所示。

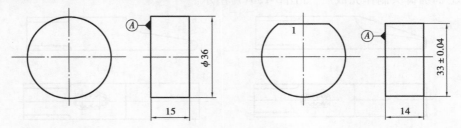

图5-140　加工基准面 A　　　　　图5-141　加工面1

③以面1为基准,将工件放到划线平板上,用高度游标卡尺划出高30 mm线条,然后锉削加工到划线处作为面2,再精加工达到平面度和与大面 A 的垂直度,且与面1达到平行度要求,用游标卡尺测量尺寸 30±0.04 mm 达到要求,如图5-142所示。

④采用与面1相同的加工方法来加工面3,先用120°角度样板以面1作为基准划面3加工参考线,进行粗加工,再用刀口角度控制平面度和与大面 A 的垂直度,再以面1作为基准,用角度样板控制面1与面3之间形成的角度120°±2′,并注意用游标卡尺

测量尺寸 33 ± 0.04 mm 达到要求,如图 5-143 所示。

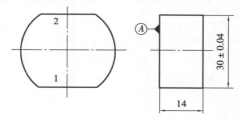

图 5-142　加工面 2

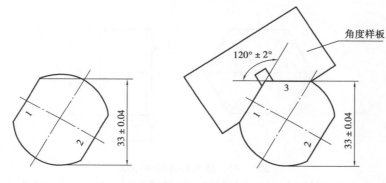

图 5-143　加工面 3

⑤面 4 的加工和测量与面 3 相同,注意控制平面度、垂直度及角度 120° ±2′,并用游标卡尺控制平行度和测量尺寸 30 ± 0.04 mm 达到要求,如图 5-144 所示。

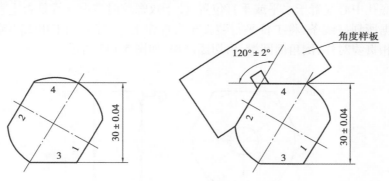

图 5-144　加工面 4

⑥面 5 和面 6 的加工和测量方法与面 3 和面 4 相同,采用角度样板测量角度120° ±2′、游标卡尺测量控制平行度及测量尺寸(30 ±0.04)mm 达到要求,最终形成图5-145 所示的正六方体。

⑦用钢直尺将正六方体对角相连接,三线相交即为中心点,用样冲冲中心眼,并用划规划出 φ10 检测圆和 φ30 内切圆,高度游标卡尺划出 2 mm 的倒角高度线,如图5-146所示。最后去除毛刺、倒棱,进行全部精度复查。

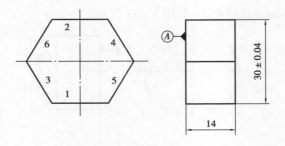

图 5-145 正六方体

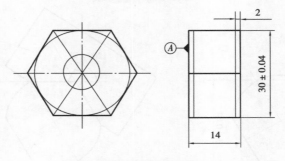

图 5-146 找圆心并冲中心眼

⑧选用 φ8.5 麻花钻对工件进行钻孔,然后再用 90°锪孔钻对底孔锪孔,深度约 1.5 mm,通孔两端要锪孔,便于丝锥切入,并可防止孔口的螺纹崩裂。

⑨用绞杠和 M10 丝锥对工件进行攻螺纹,注意攻螺纹前工件夹持位置要正确,应尽可能把底孔中心线置于水平或垂直位置,便于攻螺纹时掌握丝锥是否垂直于工件。

⑩根据所划好线条,将工件平行装夹于台虎钳上,用锉刀加工出 15°倒角,注意倒角要求使相贯线对称、倒角面圆滑、内切圆准确,如图 5-147 所示。

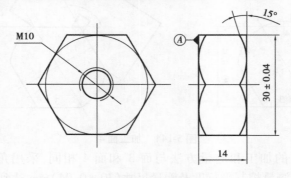

图 5-147 倒角

任务检测

完成题图所示图样的加工(划线—锯削—锉削—钻孔—铰孔—攻螺纹)。

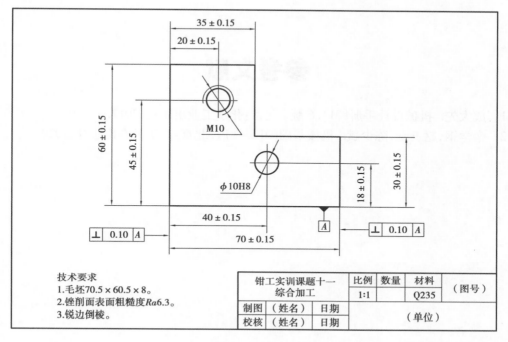

35 ± 0.15
20 ± 0.15
60 ± 0.15
45 ± 0.15
M10
ϕ10H8
18 ± 0.15
30 ± 0.15
40 ± 0.15
70 ± 0.15
⊥ 0.10 A
⊥ 0.10 A
A

技术要求
1.毛坯70.5×60.5×8。
2.锉削面表面粗糙度Ra6.3。
3.锐边倒棱。

钳工实训课题十一综合加工		比例	数量	材料	（图号）
		1:1		Q235	
制图	（姓名）	日期		（单位）	
校核	（姓名）	日期			

题图　综合加工

任务评价

评价表

考核项目	配分/分	评分标准	得分/分
按要求做题	100	按图样要求检查	
总分	100	合计	

参考文献

[1] 成大先. 机械设计手册[M]. 6 版. 北京:化学工业出版社,2017.
[2] 栾学钢,赵玉奇,陈少斌. 机械基础[M]. 2 版. 北京:高等教育出版社,2020.